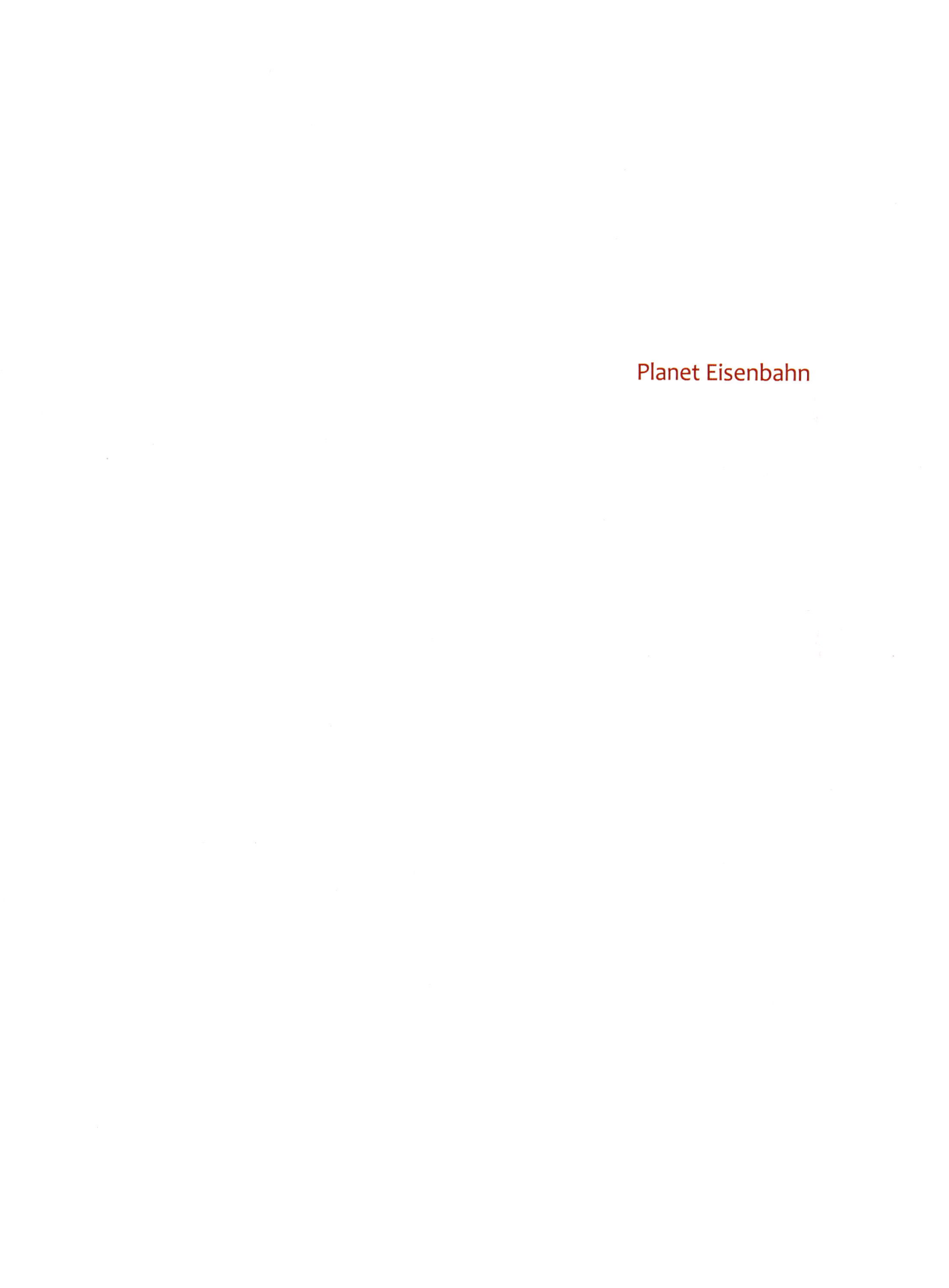

Planet Eisenbahn

Herausgegeben von der Deutschen Bahn AG

# Planet Eisenbahn

## Bilder und Geschichten aus 175 Jahren

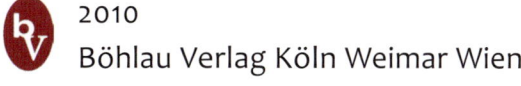

2010
Böhlau Verlag Köln Weimar Wien

Planet Eisenbahn
Bilder und Geschichten aus 175 Jahren.
Herausgegeben von der Deutschen Bahn AG

Redaktion: Susanne Kill

Texte: Ursula Bartelsheim, Joachim Breuninger, Stefan Ebenfeld, Jürgen Franzke, Susanne Kill, Steffen Koch, Rainer Mertens

Bibliografische Information der Deutschen Nationalbibliothek: Die Deutsche Nationalbibliothek verzeichnet diese Publikation in der Deutschen Nationalbibliografie; detaillierte bibliografische Daten sind im Internet über http://dnb.d-nb.de abrufbar.

Umschlaggestaltung: Judith Mullan, Wien
Miniatur-Figuren auf dem Umschlag: © Kleinkunst-Werkstätten Paul M. Preiser GmbH, Steinsfeld
Gestaltung: Bettina Waringer, Wien

ISBN 978-3-412-20701-4

Das Werk ist urheberrechtlich geschützt. Die dadurch begründeten Rechte, insbesondere die der Übersetzung, des Nachdruckes, der Entnahme von Abbildungen, der Funksendung, der Wiedergabe auf fotomechanischem oder ähnlichem Wege, der Wiedergabe im Internet und der Speicherung in Datenverarbeitungsanlagen, bleiben, auch bei nur auszugsweiser Verwertung, vorbehalten.

© 2010 by Böhlau Verlag GmbH & Cie, Köln Wien Weimar
www.boehlau-verlag.com
Gedruckt auf chlor- und säurefreiem Papier

Druck: Finidr s.r.o, CZ-737 01 Český Těšín

# Inhalt

| | | |
|---|---|---|
| | Vorwort | 6 |
| | Einführung | 8 |
| 1 | Anfänge | 17 |
| 2 | Adler, Rocket & Co | 29 |
| 3 | Kapital | 41 |
| 4 | Arbeit | 55 |
| 5 | Zeit | 67 |
| 6 | Gewalt | 79 |
| 7 | Tempo | 91 |
| 8 | Güter | 105 |
| 9 | Räume | 117 |
| 10 | Umwelt | 133 |
| 11 | Zukunft | 145 |
| 12 | Faszination | 157 |
| | Nachweise | 173 |

## Vorwort

Seit nunmehr 175 Jahren gestaltet die Bahn Mobilität und Fortschritt für Deutschland. Wir profitieren noch heute von dem Pioniergeist, der damals in Deutschland vom Bau der ersten Eisenbahn ausging. Aus einzelnen Strecken ist im 19. Jahrhundert ein Netz geworden, das alle Regionen und Städte Deutschlands miteinander verbindet. Es hat die Industrialisierung und den Wohlstand unseres Landes überhaupt erst möglich gemacht.

Zu Beginn des 21. Jahrhunderts erlebt die Eisenbahn weltweit eine Renaissance. Ein gut ausgebautes Eisenbahnnetz ist heute für jedes dicht besiedelte, industrialisierte Land ein wichtiger Zukunftsfaktor, vielleicht sogar wichtiger denn je. Denn die Schiene ist der effizienteste und umweltfreundlichste Verkehrsträger.

In Deutschland beginnt das Zeitalter der Eisenbahn in den Städten Nürnberg und Fürth. Nicht ohne Stolz blicken die beiden Städte auf den Coup zurück, vor 175 Jahren die ersten gewesen zu sein, in denen eine Eisenbahn fuhr. Denn das »Eisenbahnfieber«, wie die Zeitgenossen damals das Engagement für den Bau und die Finanzierung des neuen Verkehrsmittels bezeichneten, lag in den 1830er Jahren überall in der Luft. Die damaligen Pioniere zweifelten nicht daran, dass mit dem Bau von Eisenbahnen eine Erfolgsgeschichte verbunden sein sollte. Tatsächlich wurden Jahr um Jahr nach der Eröffnungsfahrt am 7. Dezembers 1835 weitere Eisenbahnlinien gebaut. Immer mehr Menschen fanden Arbeit bei der Bahn. Das Reisen und der Transport von Gütern wurden einfacher und schneller.

Wie kaum ein anderes Verkehrsmittel waren Bau, Unterhalt und Betrieb von Eisenbahnen immer auch eng mit der politischen und wirtschaftlichen Entwicklung Deutschlands verbunden. Dementsprechend veränderten sich auch die Rahmenbedingungen für die Eisenbahn. Um wieder eine Zukunftsperspektive zu gewinnen, musste sich die Eisenbahn in Deutschland Ende des letzten Jahrhunderts aus ihren behördlichen Fesseln befreien. Die Aufgaben der Deutschen Bahn AG haben sich seit der Wiedervereinigung und der Bahnreform von 1994

– einer der erfolgreichsten Reformen der Nachkriegsgeschichte – rapide verändert. Wir sind stolz auf unsere Mitarbeiterinnen und Mitarbeiter, die diesen Wandel erfolgreich mit gestaltet haben. In Europa herrscht auf der Schiene heute mehr und mehr Wettbewerb. Aus der Deutschen Bahn AG ist ein internationales Mobilitäts- und Logistikunternehmen geworden, das Deutschland mit Europa und der ganzen Welt verbindet.

Es ist ein beachtliches Erbe, auf das die Deutsche Bahn AG zurückblicken kann. Ein Jubiläumsjahr wie 2010 bietet die Gelegenheit, sich dieses Erbes zu vergewissern. »Planet Eisenbahn« lautet der Titel der großen Jubiläumsausstellung in unserem DB Museum in Nürnberg, wo das Gedächtnis des Unternehmens und der Eisenbahngeschichte in Deutschland beheimatet ist. »Planet Eisenbahn« lautet auch der Titel dieses Jubiläumsbandes, der mehr ist als ein Katalog zur Ausstellung und schlaglichtartig 12 Themen beleuchtet, in denen Vergangenheit, Gegenwart und damit immer auch ein Stück Zukunft aufscheinen.

Wer sich auf diesen Planeten begibt, wird feststellen, dass die Geschichte der Eisenbahn nicht in einem Stück gegossen ist. Sie hat von Anfang eine internationale Perspektive, sie ist verbunden mit Wohlstand und Innovationsfreunde, aber auch mit dem größten politischen und menschlichen Versagen während der Zeit des Nationalsozialismus. Sie wird begleitet vom leidenschaftlichen Interesse vieler Bürger für Technik und Betrieb der Eisenbahn, vom alltäglichen Erleben als Kunde oder von außergewöhnlichen Reiseerlebnissen. Vor allem aber ist die Geschichte der Eisenbahn fest verbunden mit Gegenwart und Zukunft unseres Landes. Das Buch will auch ein Dankeschön an all diejenigen sein, die die Geschichte und Gegenwart der Eisenbahn lebendig erhalten. Denn so kann jeder feststellen, wie erstaunlich jung die Eisenbahn in Deutschland heute ist.

*Dr. Rüdiger Grube*
*Vorsitzender des Vorstandes*
*der Deutschen Bahn AG*

Auf Bahnhöfen wurde 2010 mit einem Musik- und Kinderprogramm der 175-jährige Geburtstag der Eisenbahn in Deutschland gefeiert. Auch viele Vereine und Initiativen nahmen das Jubiläum zum Anlass, Bahngeschichte zu erzählen. Über 260 Termine wurden über den Veranstaltungskalender zum Jubiläumsjahr öffentlich gemacht.

# Einführung

# Einführung

175 Jahre Eisenbahnen in Deutschland – Jubiläen und ihre Geschichte

Jubiläumsfeiern von Unternehmen haben die Tendenz, Geschichte in ein mildes Licht zu tauchen, um dann recht frohgemut Reden auf die Zukunft folgen zu lassen. Nun handelt es sich bei der Eisenbahn zunächst einmal nicht um ein Unternehmen, sondern um nichts mehr, aber auch nichts weniger als um eine äußerst praktische technische Erfindung, um nichts anderes also als »Fahrbahnen, die aus zwei parallelen Reihen eiserner Geleise bestehen, auf denen sich hierzu besonders eingerichtete Fuhrwerke durch irgend eine bewegende Kraft (Treibkraft, in der Regel Dampf) bewegen lassen.« So lautete die Erläuterung zu dem Stichwort »Eisenbahnen« in Meyers Konversations-Lexikon aus dem Jahr 1863, die mit dem Hinweis endet, dass die das Eisenbahnwesen betreffende Literatur bereits sehr umfangreich sei.

Gemeint war damit vor allem die Fachliteratur zu Technik und Betrieb der Eisenbahn. Die Fülle der Literatur ließ schon im 19. Jahrhundert Fachleute stöhnen, während sie zugleich einen Mangel an Kenntnis beim allgemeinen Publikum beklagten. In seinem Vorwort zur »Schule des Eisenbahnwesens«, die 1857 zum ersten Mal aufgelegt wurde, schrieb Max Maria von Weber: »Sehr viele von denen, welche die Eisenbahn benutzen, drücken sich in die weichen Polster des Coupés, freuen sich des pünktlichen Abganges, äußern sich höchst mißbilligend über einige verspätete Ankunft, sind mit dem Urtheil über gute und schlechte Verwaltung, je nach dem mehr oder minder höflichen Verhalten eines Conducteurs oder Portiers, schnell bei der Hand, halten einen Eisenbahndirector für eine Art höheren Oberschaffner, fühlen zwar im Ganzen ein Behagen, daß das Ding rollt, ›schnell rollt‹, ihnen Zeit und Geld beim Reisen spart, hegen aber in keiner Weise den Wunsch, die Kräfte kennen zu lernen, die in Bewe-

Eine Medaille erinnert an die Eröffnungsfahrt in Nürnberg. Die Frauengestalt »Industrie« lehnt an einem Flügelrad, das bis heute ein internationales Symbol für die Eisenbahn ist.

gung gesetzt werden müssen, ehe ein Zug pünktlich abgehen, schnell fahren und pünktlich ankommen kann.« Da es aber durchaus andere gab, die den »Mechanismus der mächtigen Beförderungsanstalt« nicht uninteressant fanden und die wünschten, sich ein »Bild von dem Organismus dieses großen Werkzeuges des Zeitgeistes zu machen«, entstand die »Schule des Eisenbahnwesens«. Das Buch von Weber, der als Ingenieur bei dem Berliner Lokomotivfabrikanten Borsig begann, dann für verschiedene europäische Eisenbahngesellschaften arbeitete, um schließlich als Regierungsrat im preußischen Handelsministerium tätig zu sein, war das Vorbild vieler Autoren: Er hatte es verstanden, die technischen und organisatorischen Fragen des Eisenbahnbetriebes aus einer internationalen Perspektive knapp und anschaulich darzustellen.

Heute sind weltweit nur wenige Bahngesellschaften noch »Beförderungsanstalten«. Selbst wenn sie wie Behörden geführt werden, sind sie schlanker geworden, müssen sich ganz anderen und neuen Wettbewerbsbedingungen stellen und haben das Ziel, in Kooperationen oder als selbständige Unternehmen auf dem internationalen Verkehrsmarkt zu bestehen. Das Kerngeschäft Eisenbahn ist jedoch auf merkwürdige Art noch immer ein »Werkzeug des Zeitgeistes«, selbst wenn seine Bedeutung als das einzige Verkehrsmittel, mit dem »Millionen Passagiere und Millionen Centner Gut sicher und glatt abgehen und ankommen können«, wie Weber schrieb, heute längst nicht mehr so groß ist wie im goldenen Eisenbahnzeitalter, dem 19. Jahrhundert. Nach Jahren des Niedergangs ist die Eisenbahn inzwischen aber wieder zu einem wichtigen Glied in der Mobilitätskette geworden. Und wenn auch nur deutlich weniger als ein Drittel aller der Bundesbürger regelmäßig Bahn fahren, so hat doch jeder eine sehr spezifische Meinung zu dem Verkehrsmittel. Gerne wird an seinem Zustand – ähnlich dem der Fußballnationalmannschaft – auf den Zustand der Gesellschaft geschlossen.

*Die ersten Jubiläumsfeiern*

Auch die Art, wie Jubiläen inszeniert werden, ist stets Ausdruck des Zeitgeistes einer Epoche. Das erste Jubiläum der Eisenbahn in Deutschland wurde bereits 1860 in Nürnberg gefeiert. An den Festivitäten nahmen noch zahlreiche

Wie das Original der Lokomotive »Adler« tatsächlich ausgesehen hat, weiß niemand. Sie gilt als verschollen. Die Inszenierung des Modells oder auch Nachbaus ist Teil der Erinnerung an die erste Eisenbahnfahrt in Deutschland.

Persönlichkeiten teil, die den Bau der ersten deutschen Eisenbahn aktiv mit gestaltet hatten wie der Mitbegründer der Ludwigs-Eisenbahn-Gesellschaft, Georg Zacharias Platner, und der erste Lokführer Deutschlands, William Wilson, der 1860 sogar noch aktiv Dienst tat. Neben dem Personal der Ludwigs-Eisenbahn waren zu der Gedenkfeier am 7. Dezember 1860 auch die Aktionäre der Gesellschaft geladen. Es handelte sich um ein typisches Firmenjubiläum, bei dem zwar bereits die Rolle der Ludwigs-Eisenbahn als »Deutschlands erster Eisenbahn mit Dampfkraft« hervorgehoben wurde, von der späteren Stilisierung der ersten Adlerfahrt zum nationalen Großereignis war man allerdings noch weit entfernt. So wie der Deutsche Bund 1860 in viele Einzelstaaten zergliedert war, so bestand auch das deutsche Eisenbahnwesen aus einer Vielzahl einzelner Gesellschaften, unter denen die kleine Ludwigs-Eisenbahn-Gesellschaft eine relativ unbedeutende Rolle spielte. So wichtig nahm man die erste Fahrt mit der Adler-Lokomotive nicht, hatte die Gesellschaft doch drei Jahre zuvor die Dampfmaschine verkauft.

Erst mit zunehmender zeitlicher Distanz und mit einem neuen Nationalbewusstsein nach der Gründung des Deutschen Reiches 1871 wurde die erste Adlerfahrt zum Meilenstein für den Beginn eines neuen Zeitalters und zum nationalen Symbol erhoben. Beim Festakt zur 50-Jahr-Feier der ersten Eisenbahnfahrt 1885 brachte der Festredner des Abends, der bayerische Staatsminister Freiherr von Crailsheim, die veränderte Wahrnehmung des Ereignisses zum Ausdruck. Mit der Eröffnung der ersten deutschen Eisenbahn sei ein »neues Zeitalter des Culturlebens« angebrochen, so Crailsheim. Sie sei »der erste Schritt zu einer gewaltigen Entwicklung des internationalen Verkehrs« gewesen. Crailsheim und die übrigen Redner betonten die allgemeine Bedeutung der ersten Adlerfahrt für die Entstehung des Eisenbahnwesens in Deutschland. Neben dem Festakt mit hochrangigen Vertretern aus Politik und Wirtschaft wurde das Jubiläum des Jahres 1885 auch öffentlich begangen. Ein Grundstein für ein Ludwigsbahndenkmal wurde am verkehrsreichsten Platz Nürnbergs, dem Plärrer, gelegt, danach erfolgte die Grundsteinlegung des neuen Bahnhofsgebäudes in Fürth.

Die Bahnhöfe wurden geschmückt, Waisenkinder aus Nürnberg und Fürth in einem Fürther Gasthaus bewirtet und die Betriebseinnahmen des Tages an die Armen verteilt. Erstmals erschien auch eine ausführliche Festschrift über die Geschichte der Ludwigs-Eisenbahn. Festakt, öffentliche Präsentation, Jubiläumsschrift und soziales Engagement gehörten zu den Grundformen der bürgerlichen Erinnerungskultur, die sich im 19. Jahrhundert herausgebildet hatten und die bis heute Bestand haben.

In dieser Zeit – vielleicht um den bayerischen Bedeutungsüberschwang ein wenig zu bremsen – fand auch die Geschichte von dem bayerischen Obermedizinalkollegium Verbreitung. Es habe König Ludwig vor dem Dampfbetrieb gewarnt, da er bei den »Reisenden wie bei den Zuschauern unfehlbar schwere Gehirnerkrankungen« erzeuge und deshalb »müsse der Bahnkörper mit einem hohen Bretterzaune umgeben werden.« So berichtete es der preußische Historiker Heinrich von Treitschke im 1889 erschienenen vierten Band seiner viel gelesenen Deutschen Geschichte. Leider versäumte er es, seine Quelle preiszugeben, und so geistert die zweifelsfrei gut erzählte Geschichte bis heute als Beispiel für technikfeindliche Bedenkenträgerei bayerischer Mediziner durch viele Festreden, ohne dass ihr Wahrheitsgehalt je hätte überprüft werden können.

*Nationale Inszenierung und Propaganda*

Zu Beginn des 20. Jahrhunderts hatte sich die erste Adlerfahrt als historische Zäsur und Symbol für den Einzug des technischen Fortschritts in Deutschland weiter gefestigt. Als zudem 1920 die Länderbahnen zur Deutschen Reichsbahn vereinigt wurden, waren die Voraussetzungen gegeben, das kommende Jubiläum erstmals als großen nationalen Gedenktag zu feiern. Die Planungen für die 100-Jahr-Feier 1935 begannen bereits in den 1920er Jahren, als die Reichsbahn erste Pläne für eine Rekonstruktion der Adler-Lokomotive entwickelte. Die Feierlichkeiten wurden jedoch von der 1933 erfolgten Machtübernahme durch die Nationalsozialisten bestimmt, der sich die Reichsbahnführung willig angeschlossen hatte. Der Glanz des Eisenbahnjubiläums wurde ganz für Propagandazwecke des NS-Regimes und seiner Helfer genutzt. Die lange geplante Festschrift war überwiegend ein Fachbuch, das die Entwicklung des Betriebes und der Technik der Reichsbahn vorstellte. Parallel dazu organisierte die Reichsbahn zur 150-Jahr-Feier auf dem Gelände der Güterabfertigung der Bahndirektion Nürnberg eine große Sonderausstellung, die die neuesten eisenbahntechnischen und betrieblichen Entwicklungen zeigte. Die Ausstellung war jedoch von propagandistischen Themen durchsetzt, die den Besuchern deutlich machten, dass die Eisenbahn ganz im Dienst des NS-Staates und seiner Ideologie stand. Der von der Reichsbahndirektion München in Auftrag gegebene Historienfilm »Das Stahltier« von Wilhelm Zielke fand nicht die Gnade der Machthaber. Zu deutlich war ihnen der Anteil der Engländer an der Geburtsstunde der Eisenbahn in Deutschland. Den Höhepunkt von technischer Leistungsschau und NS-Propaganda anlässlich des Eisenbahnjubiläums bildete die Fahrzeugparade, die am 8. Dezember 1935 in Anwesenheit Hitlers und anderer hochrangiger Vertreter des NS-Staates stattfand. Während der Parade fuhr nicht nur der für das Jubiläum angefertigte Nachbau der »Adler«-Lokomotive an der mit Hakenkreuzfahnen beflaggten Zuschauertribüne vorbei, sondern auch mehrere mit Hakenkreuzen dekorierte Einheitslokomotiven und ein Zug der NS-Freizeitorganisation »Kraft durch Freude«.

*Erinnern im geteilten Deutschland*

Nach dem Zweiten Weltkrieg und der Teilung Deutschlands wurde bei der Reichsbahn in der DDR nach einer anderen Erinnerungskultur gesucht. Der »Tag des Eisenbahners«, die Eisenbahnerbrigaden, die Aufmärsche, die Propagandaplakate waren den Ritualen und Formen der 1920er und 1930er Jahre entlehnt und zeigten eine sozialistische Reichsbahn. »Uns gehören die Schienenwege« lautete der programmatische Titel der 1960 anlässlich des 125. Eisenbahnjubiläums in der DDR herausgegebenen Festschrift. Dagegen glich die Festschrift der Bundesbahn »125 Jahre Eisenbahn in Deutschland« wieder mehr einer Firmenfestschrift mit vorangestelltem Werbeblock der westdeutschen Bahnindustrie. Der Schwerpunkt der Darstellung lag auf den Leistungszahlen der »Bundesbahn heute«. Da der Vorstand der Bundsbahn und ihre Direktionspräsidenten sich überwiegend

In den 1960er Jahren bat die Bundesbahn bei den Kunden um Verständnis für Unregelmäßigkeiten im Fahrplan. Ein Thema, das bis heute aktuell ist.

Die Jubiläumsfestschrift der Bundesbahn von 1960 berichtete über den technischen Fortschritt und den Wiederaufbau nach dem Zweiten Weltkrieg. Im Mittelpunkt der Darstellungen standen die Fahrzeugentwicklung und die Elektrifizierung des Netzes.

aus den alten Reichsbahnfunktionseliten zusammensetzten, erstaunt es wenig, dass eine Auseinandersetzung mit der individuellen, kooperativen und institutionellen Mitverantwortung für die nationalsozialistische Herrschaft nicht stattfand. Die Veröffentlichungen der Bundesbahn blendeten die Beteiligung der Reichsbahn an den Verbrechen des NS-Regimes, an den Deportationen und der Zwangsarbeit konsequent aus. Dies galt auch noch – allerdings unter anderen gesellschaftlichen Rahmenbedingungen – für die Jubiläumsfeiern von 1985.

Während sich die 125-Jahr-Feier mit Festakt, Jubiläumsschrift und Fahrzeugparade noch weitgehend im traditionellen Rahmen bewegte, war die 150-Jahr-Feier der Bundesbahn eingebunden in ein umfassendes Marketingkonzept. So feierte die Bundesbahn ihr Jubiläum 1985 nicht allein mit einer Jubiläumsschrift, einem Festakt, einer großen Sonderausstellung und einer Fahrzeugparade in Nürnberg, sondern sie nutzte das Jubiläum auch für umfangreiche Werbeaktivitäten, die weit über den Ursprungsort des Jubiläums hinausgingen. Die Verbesserung des Markenprodukts InterCity und die dazugehörige Werbekampagne »IC 85« wurden gezielt in das Jubiläumsjahr verlegt und zeitlich koordiniert mit anderen werblichen Aktionen. Die Bundesbahn nutzte also das Jubiläum, um ihren Kunden die Botschaft zu vermitteln, dass sie nicht nur ein Unternehmen mit erfolgreicher Vergangenheit war, sondern auch eines mit aussichtsreicher Zukunft. Die Konzentration auf die positiven Leistungen der deutschen Eisenbahnen traf allerdings auch auf Kritik. Auf Druck der Öffentlichkeit hin richtete das Verkehrsmuseum Nürnberg, das damals von der Bundesbahndirektion Nürnberg geleitet wurde, in seiner zum Jubiläum 1985 neu gestalteten Dauerausstellung nachträglich einen Abschnitt über die Rolle der Reichsbahn im Nationalsozialismus ein, in dem die Mitverantwortung der Reichsbahn für die NS-Verbrechen, insbesondere die Judendeportationen, thematisiert wurde. Dieses zentrale Thema in der Geschichte der Bundesrepublik war zuvor von den Initiatoren der Bundesbahnausstellung ausgeblendet worden bzw. an das Ausstellungs-Projektbüro der Stadt Nürnberg »Zug der Zeit – Zeit der Züge« delegiert worden. Die gleichnamige zweibändige Publikation spiegelte den Stand der Forschung sowie der gesellschaftspolitischen Debatten wider.

In der DDR wurde inzwischen ein anderer Geburtstag begangen, nämlich der 150. Jahrestag der Eröffnung der ersten deutschen Fernbahn Leipzig-Dresden, die im Gegensatz zu der Strecke Nürnberg–Fürth den Vorteil hatte, dass sie auf DDR-Gebiet lag. Zu diesem Jubiläum veranstaltete die Reichsbahn 1989 eine eigene Fahrzeugparade, an der auch ein Nach-

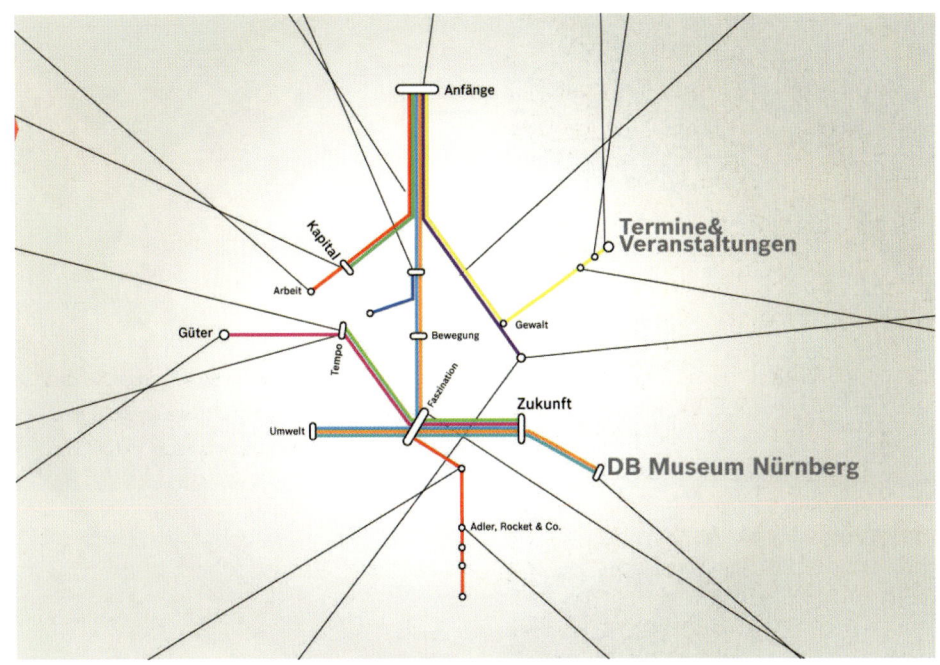

Die Themen der Jubiläumsausstellungen »Planet Eisenbahn« 2010, im Internetauftritt.

bau der ersten in Deutschland gebauten Dampflokomotive »Saxonia« teilnahm, der 1988 fertig gestellt worden war.

*Die Deutsche Bahn AG und das Jubiläum 175*

2010 erinnern sich viele Einrichtungen und Initiativen an den Geburtstag der ersten Eisenbahnfahrt in Deutschland. Der Jahresveranstaltungskalender auf der eigens von der Deutschen Bahn AG eingerichteten Webseite www.planet-eisenbahn.de, auf der sich jeder mit seinen Veranstaltungen, seien es Dampflok- oder Bahnhofsfeste, Ausstellungen, Lesungen oder auch Sportereignisse, eintragen lassen konnte, war mit mehr als 260 Terminen gut gefüllt. Vor allem in den Städten Nürnberg und Fürth fand ein reiches Kulturprogramm statt, das ganz unter dem Motto Eisenbahn stand. Als ein Unternehmen das viele Wurzeln hat, war die Deutsche Bahn AG bundesweit vor allem mit Bahnhofsfesten präsent. Die beiden eigenen großen Ausstellungen »Planet Eisenbahn« und »Adler, Rocket & Co« des DB Museums in Nürnberg, aber auch die Kooperation mit dem Dokumentationszentrum NS-Reichsparteitagsgelände für die Ausstellung »Das Gleis – Logistik des Rassenwahns« haben jedoch ganz bewusst die rein nationale Perspektive verlassen. Immer ging es auch darum, in Kommunikation über Grenzen hinweg zu treten und auch die europäischen Nachbarn in die Reflexion über die Zeit des Nationalsozialismus mit einzubeziehen.

Der internationale oder auch transnationale Blick ist eine inzwischen gängige Praxis in der Geschichtswissenschaft. Die Grundidee der beiden Ausstellungen »Planet Eisenbahn« und »Adler, Rocket und Co«, aber auch dieses Buches, knüpft an die bei Max Maria von Weber und anderen frühen Autoren zur Eisenbahn vorgefundene Tradition einer internationalen Perspektive auf die Eisenbahn an – allerdings ohne den Anspruch zu haben, enzyklopädisches Wissen zu vermitteln oder gar Technik und Betrieb der Eisenbahn von heute zu erläutern. Analog zu der Jubiläumsausstellung »Planet Eisenbahn« des DB Museums in Nürnberg wurden Themen ausgewählt, die jeweils für sich zeigen, wie sehr die Eisenbahn in ganz unterschiedlichen Epochen Erfindergeist, Mobilität, Kommunikation, Arbeitswelt und Wahrnehmung beeinflusste. Nicht jedes Thema ist in sich chronologisch, aber gemeinsam wird ein Bogen von der Gründung der ersten Eisenbahn-Aktiengesellschaft in England bis hin zu den heutigen Leistungen, Herausforderungen und Erwartungen an die Deutsche Bahn AG und die internationale Verkehrspolitik gespannt.

Für die Erstellung dieses Buches konnten wir auf einen reichen Schatz überlieferter Quellen und eine die unterschiedlichsten Fragestellungen verfolgende Literatur zurückgreifen; vor allem aber auf die inzwischen fast 15-jährige Praxis der Unternehmensgeschichte und des

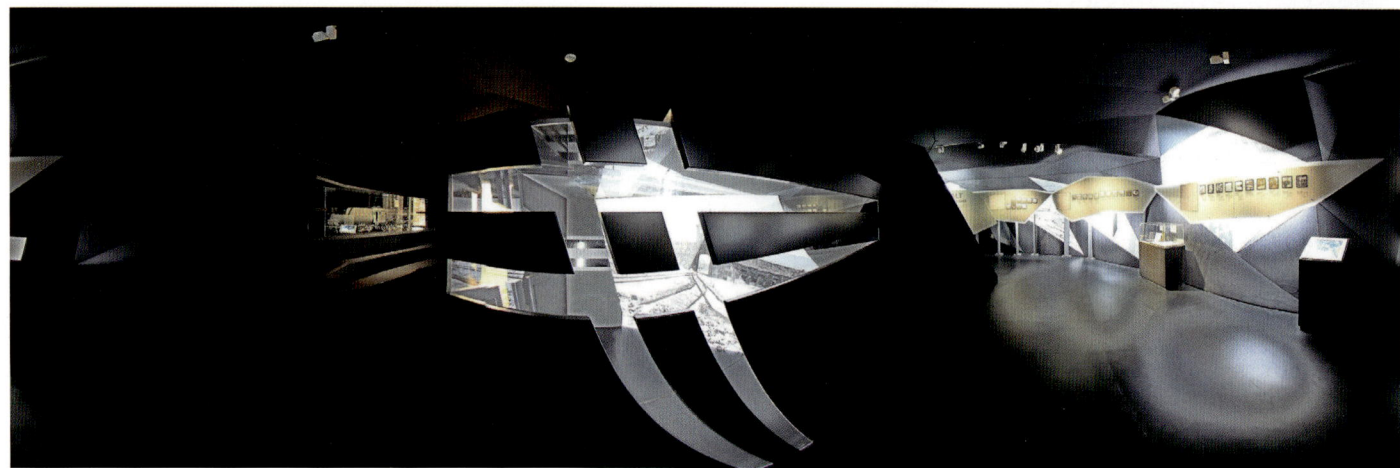

Firmenmuseums der Deutschen Bahn AG. Da es im Gegensatz zum Mutterland der Eisenbahn England in Deutschland kein nationales Eisenbahnmuseum gibt, oblag es lange Zeit dem Verkehrsmuseum in Nürnberg, das vor 1994 von der Bundesbahndirektion Nürnberg geführt wurde, Aspekte der nationalen Eisenbahngeschichte zu zeigen, die ganz in der Tradition von Technikmuseen stand. Seitdem die 1994 gegründete Deutsche Bahn AG das Museum weiterführt und am Konzernsitz in Berlin ein unternehmenshistorisches Archiv eingerichtet hat, konnten nach und nach Bildquellen erschlossen und neue Fragestellungen für Ausstellungen verfolgt werden. Längst werden alle Epochen der Eisenbahngeschichte vorbehaltlos gezeigt und es findet ein reger inhaltlicher Austausch mit anderen technischen und kulturhistorischen Museen und Sammlungen statt. So existiert inzwischen ein guter Fundus, auf den die erst 16 Jahre bestehende Deutsche Bahn AG zurückgreifen kann. Darüber hinaus gibt es weltweit eine Vielzahl von Einrichtungen und Privatpersonen, die einzelnen Aspekten des Eisenbahnwesens nachgehen und spezialisiert sammeln. Ihnen allen gilt unser Dank: Sie machen es möglich, mit Bildern und Geschichten zu zeigen, wie sehr unsere heutige Lebensweise noch von der Erfindung des Systems Eisenbahn beeinflusst ist.

Die Ausstellungsarchitektur des »Planeten Eisenbahn« im DB – hier in einer Panoramafotografie – hatte durchaus einen futuristischen Aspekt. Sie ließ genügend Raum für seltene Sammlerstücke und auch interaktive Installationen.

# Anfänge

# Anfänge

Noch bevor überhaupt eine einzige Eisenbahn in Deutschland gefahren war, versprachen sich die erstaunlich gut informierten Bürger wahre Wunderdinge von dem neuen Verkehrsmittel. Liest man heute die Schilderungen von den Anstrengungen einer jeden Reise durch die deutschen Länder und Fürstentümer zu Beginn des 19. Jahrhunderts, so wundert es wenig, mit welcher Begeisterung die Eröffnung der ersten Strecken gefeiert wurde. Zwar hatten die Postgesellschaften ein bemerkenswertes Netz auch schneller Verbindungen geschaffen, doch das war teuer und unbequem. In den 1820er Jahren riet der weitgereiste Schriftsteller Adolph von Schaden jedem, der »nicht eine Brust aus Erze, Kaldaunen von Kupfer und einen Allerwertesten von Platin besitzt«, von einer Reise mit der »ordinären Postkutsche« ab, denn man riskiere sich etliche Rippen zu brechen.

Die Nachrichten aus England, wo Bergwerksbesitzer und Ingenieure mit eisenbeschlagenen Holzschienen und den Möglichkeiten der Dampfkraft experimentierten, waren vor diesem Hintergrund mehr als vielversprechend. Der in England studierte bayerische Mathematiker und Arzt Joseph von Baader hatte die Vorteile der Eisenbahn benannt: »Statt der rauen und holprigen Kies- und Schotterdecken […] nähern die Eisenbahnen sich dem Ideal der unveränderlichen […] dauerhaften Straße und spiegelglatten, harten und ebenen Fläche, auf welchen die Räder der für sie construierten Fuhrwerke ohne Erschütterung und mit einer solchen Leichtigkeit sich fortwälzen, dass hierzu im Durchschnitt kaum der zwanzigste Theil des Kraftaufwandes erfordert wird, welchen die Wagen auf der gewöhnlichen Landstraße in Anspruch nehmen.«

In den deutschen Ländern waren es vor allem das städtische Bürgertum, allen voran die Bürgermeister und Kaufleute,

Am 27. September 1825 wurde die weltweit erste Strecke für den öffentlichen Personenverkehr zwischen Stockton und Darlington eingeweiht. Der Schienenweg war zunächst für den Transport von Kohle aus den Bergwerken von Durham zu den Häfen von Stockton on Tees geplant. Chefingenieur der Strecke war George Stephenson, der gemeinsam mit seinem Sohn Robert sowohl an der Planung von Strecken als auch der Entwicklung von Lokomotiven arbeitete. Das Aquarell von John Dobbin, das den Publikumsandrang bei der Eröffnungsfahrt zeigt, wurde als Druck vielfach reproduziert und trug zur Verbreitung der Nachrichten in ganz Europa bei.

die sich für den Bau der Eisenbahn stark machten. Und es war kein Zufall, dass es ausgerechnet die Bürger Nürnbergs und Fürths waren, die die erste Eisenbahnstrecke mit einer dampfbetriebenen Lokomotive eröffnen konnten. Für sie war die Gründung des Eisenbahnkomitees eine vielversprechende Investition in eine neue Technologie, die sowohl dem Gewerbe als auch dem Handel wieder auf die Beine helfen sollte. Denn die ehemalige Reichsstadt Nürnberg befand sich seit Ausgang des 18. Jahrhunderts im stetigen Niedergang. Ihre Einverleibung in das Königreich Bayern hatte keinen Aufschwung gebracht. Im Gegenteil: Die zentralistische Regierung tat wenig dafür, um das daniederliegende Gewerbe zu fördern. Und so drängte das reformbereite Bürgertum neben den Forderungen nach einer Verfassung und einer Reform des Bildungswesens besonders auf eine Verbesserung des Verkehrswesens. Leistungsfähige und vor allem preiswerte Transitrouten sollten den europäischen Handel auf bayerisches und besonders fränkisches Gebiet lenken. Ähnlich dachte man auch in anderen Städten und Regionen. Vor allem in den großen Handelsmetropolen und Gewerbestädten gründeten sich – wie in Nürnberg und Fürth – Eisenbahngesellschaften. Anders etwa als der württembergische Reformer und Kenner der angelsächsischen Eisenbahnen, Friedrich List, sahen ihre Gründer die Eisenbahn nicht als ein Mittel zur politischen Einigung Deutschlands und als Anstoß zur Entstehung einer nationalen Industrie. Vielmehr ging es den Bürgern in Städten wie Nürnberg, Augsburg, Dresden, Leipzig, Frankfurt, Köln, Düsseldorf, Magdeburg oder auch Berlin ganz pragmatisch darum, die Verkehrssituation ihrer jeweiligen Region zu verbessern.

Erfolg oder Misserfolg der projektierten Strecke hingen dabei von vielen Faktoren ab, vor allem aber davon, inwiefern es gelang, die Interessen von Landesherrschaft und des jeweiligen Handels und Gewerbes unter einen Hut zu bringen. Auch heute noch ist diese Gründungsgeschichte im buchstäblichen Sinn zu erfahren. Denn so manche Streckenführung des heutigen Eisenbahnnetzes erinnert an die Anfänge der Eisenbahn in Deutschland, einem Deutschland, das durch einen losen Bund von Einzelstaaten mit konkurrierenden Eigeninteressen zusammengehalten wurde.

Bis zum Ende des 19. Jahrhunderts war im Deutschen Reich dann der Ausbau des Netzes weitgehend vollendet. Längst hatte der Staat die Regie über die Streckenführungen und den Betrieb übernommen. Die einst bestaunte Erfindung, das Zusammenspiel von Schiene und Fahrzeug, die Möglichkeit, günstig und auch bequem zu reisen oder Güter zu transportieren, war zum Alltag geworden.

# Auszüge des Berichts von Fanny Kemble

über die Versuchsfahrt auf der Liverpool-Manchester Eisenbahn 1830

Portrait der Schauspielerin und Schriftstellerin Fanny Kemble 1834.

Fanny Kemble (1809–1893) war in den 1830er Jahren eine der berühmtesten Schauspielerinnen Englands und der Ostküste Nordamerikas. Später machte sie sich einen Namen als Kämpferin gegen die Sklaverei, Schriftstellerin und Übersetzerin. Während eines Gastspiels in Liverpool hatte die gut ausgebildete und wissbegierige junge Frau die Gelegenheit, an einer Versuchsfahrt unter der Leitung von George Stephenson auf der Eisenbahnstrecke zwischen Liverpool und Manchester teilzunehmen. In ihren 1874 veröffentlichten Jugenderinnerungen »Records of a Girlhood« beschreibt sie das neue Verkehrsmittel und schildert ihre Eindrücke von der Versuchsfahrt in der Form eines Briefes, der bis heute als wichtiges Zeugnis einer technikbegeisterten Epoche gilt.

Eröffnungsfeier der Liverpool-Manchester-Eisenbahn vor dem Moorish Arch in Liverpool.

Liverpool, 26. August

Liebe H____,

… nun aber werde ich Dir einen Bericht von meiner gestrigen Exkursion geben. Eine Gruppe von 16 Personen wurde in einen großen Hof geführt, wo unter einer Abdeckung verschiedene speziell konstruierte Fahrzeuge standen. Eines davon war für uns vorbereitet. Es handelte sich um ein langes Vehikel, auf dem die Sitze, Rücken an Rücken angebracht waren. Unseres hatte sechs dieser Bänke und war eine Art offene »char à banc« Kutsche. Die Räder wurden auf zwei Eisenbänder gesetzt, die den Weg bildeten. Sie waren so konstruiert, dass sie in der Spur blieben, ohne in Gefahr zu geraten, zu verhaken oder abzurutschen, in etwa nach dem gleichen Prinzip, wie man in einer konkaven Laufrille rutscht. Das Gefährt wurde durch einen einfachen Schubs in Bewegung gesetzt und rollte mit uns eine schiefe Ebene hinab in den Tunnel, der den Eingang zur Eisenbahn bildet. [...] [Dort] wurde uns wurde eine kleine Maschine vorgeführt, die uns die Schienen entlang ziehen sollte. Sie (denn diese kuriosen kleinen Feuerpferde gelten allen als Stuten) besteht aus einem Dampfkessel, einem Ofen, einer kleinen Plattform, einer Bank, hinter der sich ein Fass befindet gefüllt mit genügend Wasser, so dass sie auf 15 Meilen vor Durst bewahrt wird – die ganze Maschine ist nicht größer als eine gewöhnliche Feuerwehrspritze. [...] Das schnaufende kleine Tier [...] wurde für unsere Fahrt angeschirrt – Mr. Stephenson nahm mich mit zu sich auf die Maschinenbank – und wir starteten mit zehn Meilen die Stunde. Da das Dampfross nicht dazu geeignet ist, Hügel hinauf und hinab zu fahren, war die Fahrbahn auf einem bestimmten Niveau angelegt worden. Manchmal befand sie sich unterhalb der Erdoberfläche manchmal oberhalb. Gleich zu Beginn war sie durch soliden Stein geschlagen worden, der einen großen Wall links und rechts bildete, so etwa um die sechzig Fuß hoch. Du kannst Dir nicht vorstellen wie befremdlich es ist, so zu reisen, ohne den geringsten sichtbaren Grund für das Vorankommen zu sehen, außer der magischen Maschine mit ihrem fliegenden Atem und der rhythmischen und gleichbleibenden Geschwindigkeit zwischen diesen steinigen Wänden, die bereits mit Moos, Farnen und Gräsern bewachsen sind. [...] [Stephenson] erklärte mir die gesamte Konstruktion der Maschine und sagte, er könne bald einen guten Ingenieur aus mir machen – angesichts der wunderbaren Dinge, die er erreicht hat, erdreiste ich mich nicht zu sagen, es sei unmöglich. Seine Art, die Dinge zu erklären, ist besonders, aber sehr fesselnd, und ich verstand ohne Schwierigkeiten alles, was er mir sagte. [...] die Maschine wurde zu Höchstgeschwindigkeiten gebracht, 35 Meilen die Stunde, rascher als ein Vogel fliegt (sie haben dieses Experiment mit einer Schnepfe gewagt). [...] Du kannst Dir nicht vorstellen, welche Sensation das Durchschneiden der Luft war; auch ist die Bewegung selbst so sanft wie nur möglich. [...] Als ich meine Augen schloss, war die Empfindung zu fliegen besonders angenehm, so besonders, außerhalb jeder Beschreibung; jedoch so seltsam es auch war, ich hatte ein perfektes Gefühl von Sicherheit und nicht die geringste Furcht. Vier Jahre hat es insgesamt gedauert bis dieses Unternehmen zu einem Ende gebracht wurde. Die Eisenbahn wird am 15. des nächsten Monats eröffnet. Der Herzog von Wellington wird bei dieser Gelegenheit anwesend sein, und ich vermute, dass es angesichts der Tausenden von Zuschauern und der spektakulären Neuheit bisher niemals etwas so eindrucksvolles Interessantes gegeben hat. [...] Ich verstehe, dass die Leute schon jetzt bereit sind, alles zu bieten, um dabei zu sein.

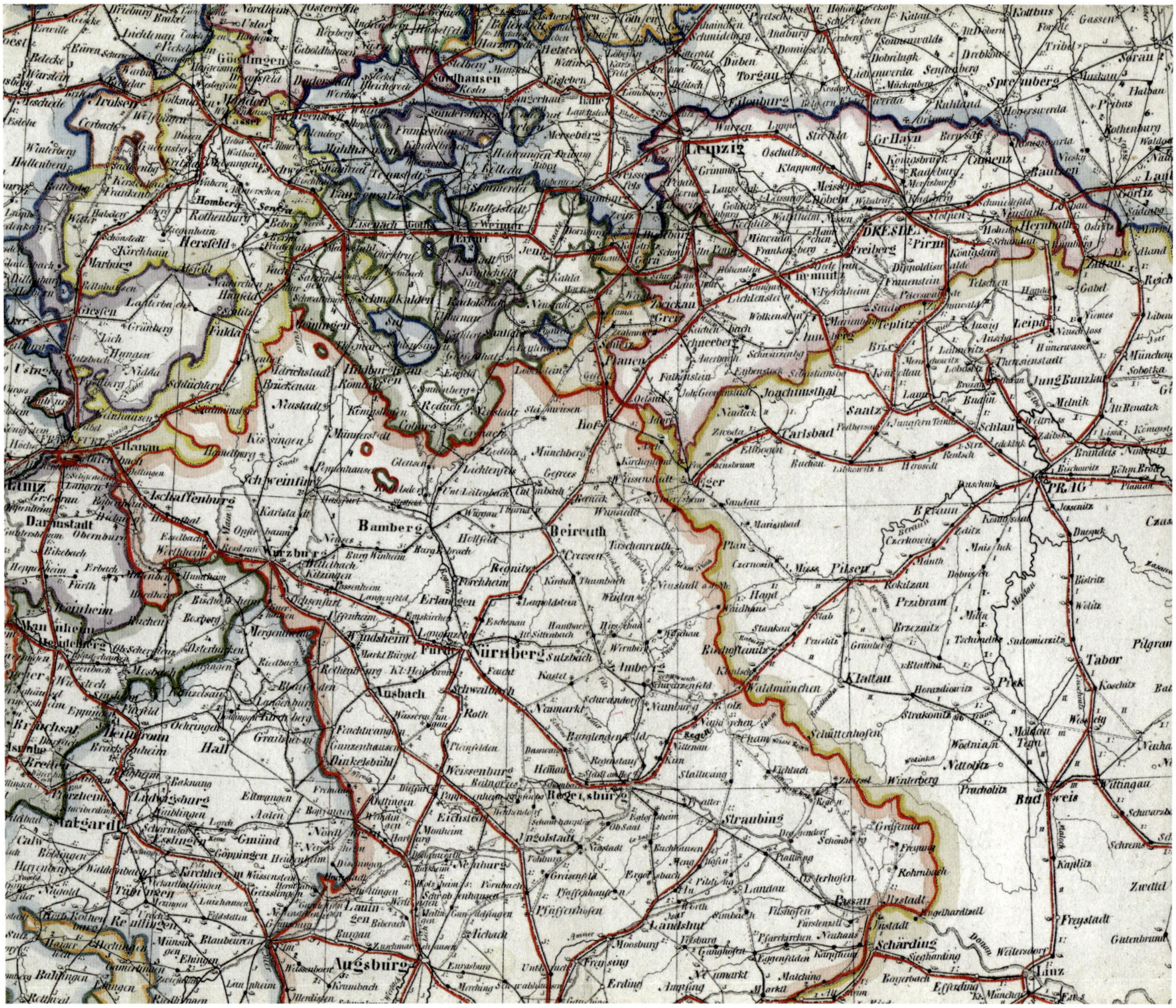

Vor dem Bau der ersten Eisenbahnstrecken waren die deutschen Städte und wichtigen Metropolen Europas durch die Schnellpost verbunden. Noch bis in die 1850er Jahre bildete das Schnellpostennetz das Rückgrat des Personenverkehrs. Der Ausschnitt der Post- und Reisekarte von Deutschland und seinen angrenzenden Staaten aus dem Jahr 1834 zeigt das Straßennetz und gibt zugleich einen Eindruck von der Kleinstaaterei im Deutschen Bund, die auch die Entwicklung der Eisenbahn in Deutschland prägen sollte.

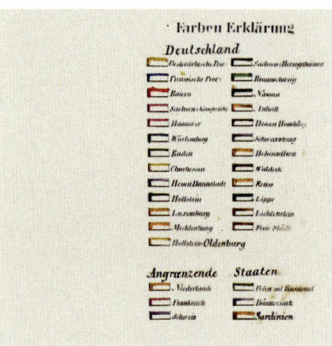
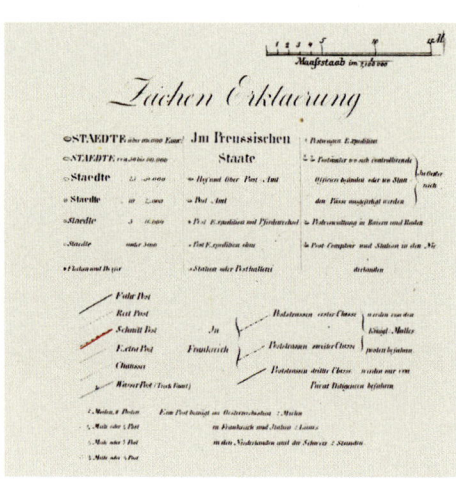

Die Nürnberger und Fürther konnten als erste in den deutschen Ländern ihr Projekt für den dampfbetriebenen Eisenbahnverkehr verwirklichen. Die Sechs-Kilometer-Trasse verlief entlang der 1804 angelegten Chaussee. Eröffnung der ersten dampfbetriebenen Eisenbahn war am 7. Dezember 1835.

**Im Königreich Sachsen** wurde 1837 die Eröffnung der zweiten Eisenbahnstrecke in Deutschland gefeiert. Das von Leipziger Bürgern initiierte und technisch anspruchsvolle Projekt wurde in mehreren Bauabschnitten fertig gestellt. Im April 1839 war die Strecke zwischen der Handelsstadt Leipzig und der Residenzstadt Dresden vollendet.

Im Oktober 1838 eröffnete in Preußen die erste Eisenbahnstrecke. Die Berlin-Potsdamer Eisenbahngesellschaft hatte ein Jahr zuvor die staatliche Konzession zum Bau der 27 Kilometer zwischen den beiden Residenzstädten erhalten. Dieses Ereignis war auch Gegenstand des Neuruppiner Bilderbogens, der seit 1822 anschaulich Nachrichten verbreitete.

Sind dat Düsseldorfer Demokrate?
Dat sind jo ganz ordentliche Leut!

**Auf dem Elberfelder Bahnhof** spielt die von der Satirezeitschrift »Düsseldorfer Monatshefte« 1848 veröffentlichte Szene. Elberfeld war eines der Zentren der sozialen und demokratischen Bewegung in der Revolution von 1848. Die Düsseldorf-Elberfelder Eisenbahngesellschaft eröffnete 1838 die erste im Westen Deutschlands betriebene Strecke.

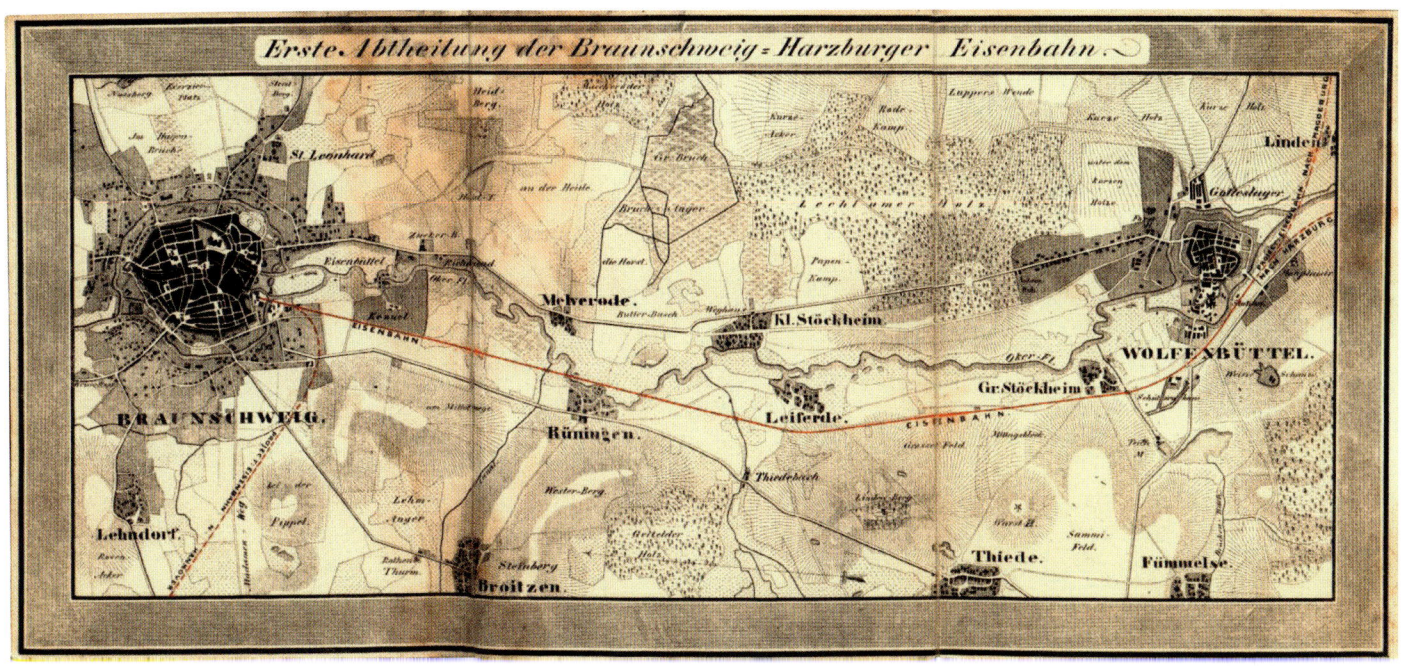

**Im Herzogtum Braunschweig** entschied sich das Staatsministerium für den Bau der Eisenbahn aus Steuermitteln. Hier waren sich Kaufleute und Staatsregierung einig, möglichst schnell eine Strecke zu bauen, um den Eisenbahnplänen im benachbarten Königreich Hannover zuvorzukommen. Im Dezember 1838 wurde die erste Staatsbahn eingeweiht.

In den ersten fünf Jahren wurden in den Ländern des späteren Deutschen Reichs knapp 240 km Schienen verlegt. Bis 1860 waren es bereits 12.000 km. In dieser Zeit entstanden vor allem im Norden und Westen Deutschlands immer mehr Verknüpfungspunkte und große Diagonalverbindungen. So konnte man 1851 beispielsweise mit dem ersten durchgehenden Schnellzug in 17 Stunden von Berlin nach Köln reisen. Damit waren die Grundlagen für ein Eisenbahnnetz gelegt, dass immer dichter wurde und nach und nach auch den ländlichen Raum erschloss.

**Adler, Rocket & Co.**

# Adler, Rocket & Co

Von den ersten Lokomotiven, die das Eisenbahnzeitalter mit so klingenden Namen wie Adler, Rocket oder Phönix einläuteten, sind erstaunlicherweise kaum noch Originale erhalten. Dabei war den Zeitgenossen die epochale Bedeutung der Dampfkraft auf Rädern sehr bewusst. Beispielhaft für den damaligen unsentimentalen Umgang mit dem Original steht der »Adler«, die erste Lokomotive, die in Deutschland fuhr. Bis 1857 war sie zwischen Nürnberg und Fürth für die Ludwigsbahn im Einsatz. Nach ihrer Ausmusterung wurde sie als stationäre Dampfmaschine nach Augsburg verkauft und dann vermutlich irgendwann verschrottet.

Das Verständnis dafür, dass auch technische Artefakte der Nachwelt erhalten werden sollten, war in Kontinentaleuropa in den ersten Jahrzehnten des Eisenbahnbaus kaum vorhanden. Ein Originalwagen der Ludwigsbahn wurde im Germanischen Nationalmuseum in Nürnberg deswegen erhalten, weil in diesem Wagen der bayerische König Ludwig I. einmal gefahren sein soll und nicht aufgrund seiner technik- und kulturhistorischen Bedeutung.

Im Gegensatz dazu sind in England überraschend viele der ersten Lokomotiven auch im Original noch vorhanden. Das Patent Office in London hatte schon sehr früh damit begonnen, herausragende Beispiele der technischen Entwicklung zu sammeln. Deswegen findet sich die legendäre Lokomotive »Rocket« von George und Robert Stephenson heute im Science Museum in London wieder. Dass sie mehr einem Torso gleicht, verstärkt dabei ihre besondere Aura als Original. Dem frühen Bewusstsein für die Bedeutung technischer Originale verdankt das National Railway Museum in York und Shildon den Besitz einer ganzen Reihe von Pionierlokomotiven, deren Erfolg und auch Scheitern weiter zur Entwicklung der Lokomotivtechnik führten. Die »Puffing Billy« von William Hedley aus dem Jahr 1813 ist ebenso erhalten

Originalzeichnung aus der Werkstatt von Stephenson.

geblieben wie die »Agenoria« und die »Sans Pareil«, beide aus dem Jahr 1829.

Es ist eine Mischung aus ernster technischer Neugier und Freude an der Sache, dass gerade im Mutterland der Eisenbahn auch zahlreiche betriebsfähige Nachbauten im Einsatz sind. So dampft ein Nachbau der »Rocket« regelmäßig in York, Nachbauten der »Steam Elephant« und der »Locomotion No. 1« sind im Beamish Museum in der Nähe von Newcastle im Einsatz. Auch auf dem europäischen Festland existieren zahlreiche Nachbauten. In Deutschland, Belgien, Italien oder etwa in Frankreich gibt es Nachbauten der jeweils ersten Lokomotiven.

Oft waren es Jubiläumsfeiern, für die die Nachbauten gefertigt wurden. Der »Adler« wurde für das 100jährige Jubiläum der Eisenbahn in Deutschland 1935 im Reichsbahnausbesserungswerk Kaiserslautern nachgebaut. Die Pläne dafür waren schon geschmiedet, bevor die Nationalsozialisten an die Macht kamen und die 100 Jahre Eisenbahn in Nürnberg für das Deutsche Reich propagandistisch in Szene setzten. Der Nachbau der »Saxonia«, der ersten in Deutschland von Johann Andreas Schubert gebauten Lokomotive, wurde anlässlich der 150-Jahr-Feier der Eröffnung der Leipzig-Dresdner Eisenbahn von der Deutschen Reichsbahn 1989 in der DDR angefertigt.

Für Technikhistoriker und Museumsfachleute sorgt immer die Frage nach der Originaltreue der jeweiligen Nachbauten für Diskussionsstoff. Die englischen Replikate entsprechen weitestgehend ihren ursprünglichen Vorbildern. Hier sind meist noch Originalteile vorhanden, vor allem aber ist die schriftliche Überlieferung am besten. So sind beispielsweise beinahe alle Firmenunterlagen der Robert Stephenson Company erhalten und werden heute im Archiv des National Railway Museums aufbewahrt. Im Gegensatz dazu sind die Nachbauten des »Adler« oder der »Saxonia« hinsichtlich ihrer Originalität von zweifelhafter Qualität. Vom »Adler« selbst ist an technischen Unterlagen nur eine Kopie vom Original einer Umrisszeichnung erhalten. Und die Farbgebung ist vermutlich mehr einer romantisierenden Vorstellung der 1930er Jahre geschuldet als dem Bemühen um Originaltreue.

Unabhängig ob Original oder Nachbau, die ersten Lokomotiven »Adler, Rocket & Co« üben auf den heutigen Betrachter eine Faszination aus. Vor allem die fahrfähigen Nachbauten machen das Reisen und den Stand der Technik in der Anfangszeit der Eisenbahn erlebbar und haben für Museumsleute den Vorteil, dass sie die kostbare kulturhistorisch bedeutende Substanz der Originalfahrzeuge schonen. Die europäischen Eisenbahnmuseen pflegen ihre Pioniereisenbahnen mit besonderer Sorgfalt, denn sie zeigen, wie zerbrechlich das System Eisenbahn im ersten Drittel des 19. Jahrhunderts startete und wie rasant sich die Entwicklung zu den späteren Stahl-Ungetümen der Jahrhundertwende vollzog.

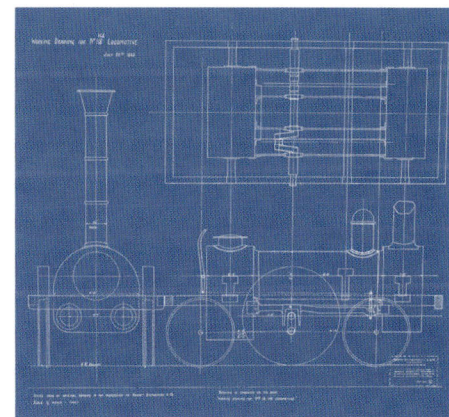

Die 1896 angefertigte Blaupause einer Umrisszeichnung des »Adlers« von 1835 aus einer Stephenson-Werkstatt erinnert an das Original. Als die Ludwigs-Eisenbahn die Lokomotive bestellte, exportierte Stephenson bereits in die ganze Welt, nach Nordamerika, Belgien, Frankreich, Russland und eben auch nach Nürnberg.

Die »Rocket« aus dem National Railway Museum wird für die Jubiläumsausstellung von Mitarbeitern des DB Museums in Nürnberg sorgfältig auf die Schienen gesetzt.

1829 waren in England bereits mehrere Eisenbahnstrecken in Betrieb. Die Dampflokomotiven der Zeit waren jedoch noch langsam und störanfällig. Jede neue Lokomotive wurde mit dem Anspruch gebaut, besser als das Vorläufermodell zu sein. Der Vorstand der Liverpool-Manchester-Eisenbahn sah dies von vornherein sportlich und schrieb im April 1829 das Rennen von Rainhill aus. Schließlich nahmen drei Lokomotiven teil: die »Rocket«, die »Sans Pareil« und die »Novelty«. Die »Rocket« gewann. Die beiden konkurrierenden Lokomotiven schafften es nicht ins Ziel.

Für die Jubiläumsausstellung 2010 gelang es dem DB Museum, die wichtigsten Beispiele der Lokomotivgeschichte aus europäischen Eisenbahnmuseen nach Nürnberg zu holen. Die Nachbauten ermöglichen es, die Entwicklung der Lokomotivtechnik bis in die 1860er Jahre auch praktisch nachzuvollziehen.

Detailaufnahme der Rocket 2010. Original 1829, Nachbau von 1935 National Railway Museum York.

Die »Rocket« hatte erstmals mehrere Heizrohre im Kessel statt nur einem. Dadurch wurde die Heizoberfläche vervielfacht und die Leistung der Dampflok verbessert. Gleichzeitig wurde der Abdampf nicht wie sonst direkt aus den Zylindern entlassen, sondern entwich durch den Schornstein. Dies bewirkte einen Luftzug, der das Feuer in der Feuerbüchse stark anfachte, was die Leistung der Lok ebenfalls steigerte. Ihr Aufbau – ein Schornstein mit Rauchkammer, gefolgt von Langkessel und Stehkessel mit Feuerbüchse, schließlich der Führerstand mit angehängtem Tender – war das Vorbild für alle nachfolgenden Lokomotiventwicklungen.

oben: Sans Pareil
Original 1829
Nachbau von 1980
National Railway Museum, Shildon.

unten: Novelty
Original 1829
Nachbau von 1980
Schwedisches Eisenbahnmuseum, Gävle.

Im Vergleich zur »Rocket« verkörperte die Lokomotive »Sans Pareil« – die Unerreichte – den gängigen Stand der Technik. Sie war von Timothy Hackworth (1786–1850), ein kongenialer Konkurrent Stephensons, konstruiert worden. Der Führerstand war am Kopf der Lokomotive angebracht, Feuerbüchse und Schornstein befanden sich am Ende. Die Zylinder waren senkrecht montiert. Vor allem aber besaß die Lok nur ein Heizrohr, das im Kessel u-förmig vor- und zurückgeführt wurde. Während des Rainhill-Wettbewerbs blieb sie aufgrund eines gebrochenen Zylinders, der pikanterweise von Stephenson hergestellt worden war, liegen. Versuche mit dem Nachbau zeigten, dass die Lok mit funktionierendem Zylinder nicht weniger schnell als die »Rocket« fuhr.

Für das führende Technikmagazin der Zeit um 1829, das »Mechanics Magazine«, war die »Novelty« die modernste Lok, die sich dem Wettbewerb stellte. Der Engländer John Braithwaite (1797–1870) und der Schwede John Ericsson (1803–1889) hatten eine dampfgetriebene mobile Feuerspritze in eine Lokomotive umgewandelt. Der Kessel befand sich im Unterboden der Lokomotive, ein Teil stand senkrecht. Das Heizrohr erfüllte gleichzeitig den Zweck des Kamins. Ein Abzweig des Heizrohrs wurde durch den Kessel unter dem Boden geführt und ließ die Rauchgase am Ende der Lok über ein Rohr entweichen. Versuche mit dem Nachbau zeigten, dass das Design das Lokpersonal in Lebensgefahr brachte, da es beständig in einer Kohlenmonoxid-Wolke stand.

Die Lokomotive »Marc Seguin« wurde von dem gleichnamigen französischen Industriepionier gebaut. Sie war eine sehr fortschrittliche Parallelentwicklung zu den Fahrzeugen, die Stephenson in England herstellte.

Marc Seguin verwendete wie Stephenson einen Kessel mit vielen Heizrohren. Bis heute ist umstritten, wer sich von wem zu diesem Konstruktionsprinzip inspirieren ließ. Jedenfalls verbrachte Seguin 1827/28 drei Monate in England. Dort besuchte er auch die Fabrik der Stephensons. Schon im Februar 1828 meldete er ein Patent auf einen Kessel mit mehreren Heizrohren für eine stationäre Dampfmaschine in Frankreich an. Anders als Stephenson löste Seguin das Problem der Belüftung der Feuerbüchse durch große Ventilatoren am Tender. Der Abdampf aus den Zylindern verpuffte ungenutzt. Die Feuerbüchse war ganz konventionell Teil des Kessels, der Schornstein direkt über der Feuerbüchse angebracht.

Insgesamt fertigte Seguin zwölf Lokomotiven dieses Typs, um sich dann neuen technischen Herausforderungen wie dem Brückenbau zu stellen.

**Marc Seguin**
Original von 1829
Nachbau von 1987
Association pour la Reconstitution et la Préservation du Patrimonie Industriel, Paris.

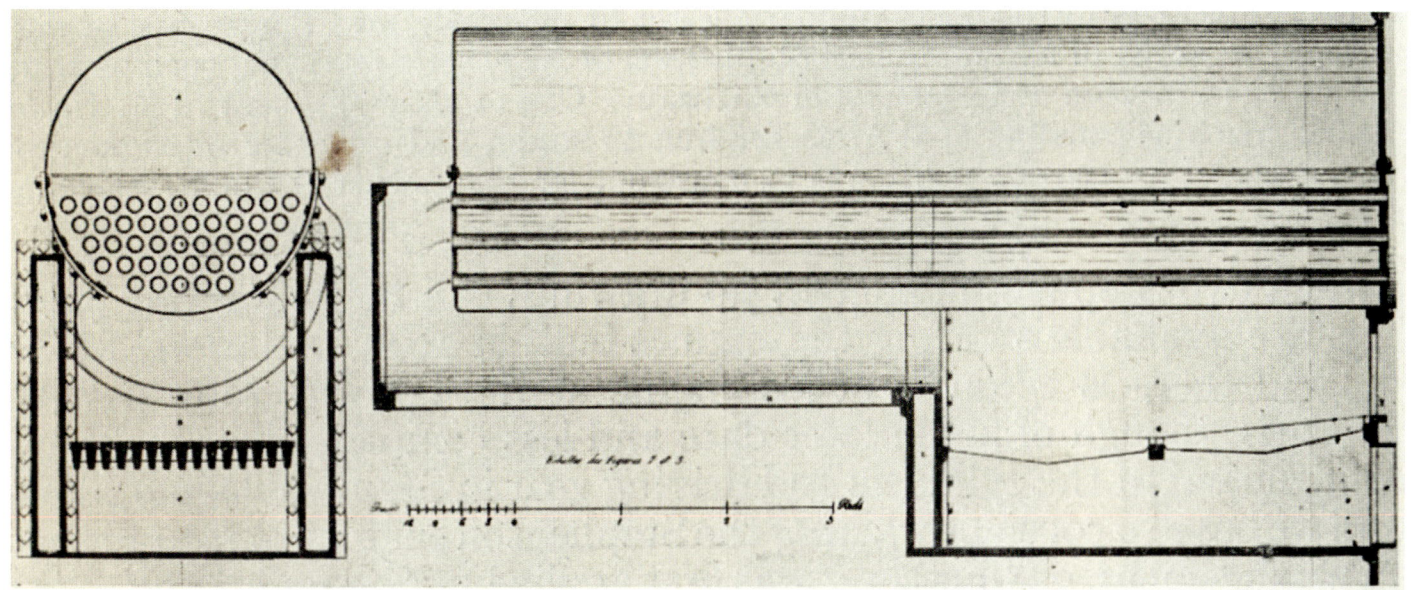

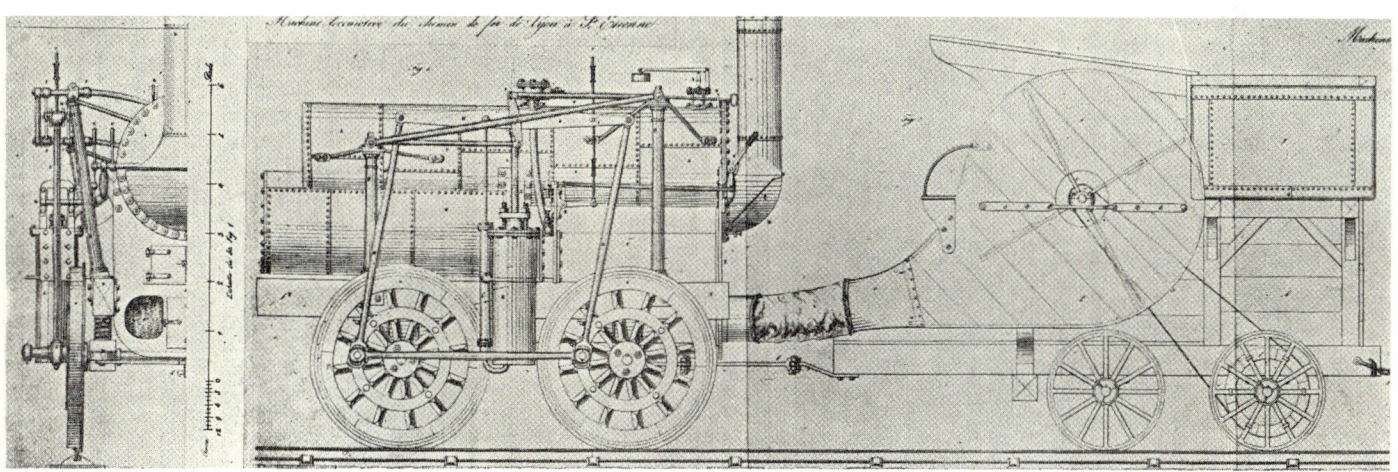

Auf den Konstruktionszeichnungen aus der Werkstatt von Marc Seguin ist die Anordnung der zahlreichen Heizrohre im Kessel gut zu erkennen. Deutlich wird auch die konventionelle Antriebstechnik der Lokomotive, wie sie damals in England üblich war. Die Auf-Ab-Bewegung des stehend angebrachten Zylinders musste aufwendig über ein Gestänge in eine kreisförmige Bewegung an den Rädern umgewandelt werden. Dieses Konstruktionsprinzip führte zu hohen Reibungsverlusten und trug damit zum schlechten Wirkungsgrad der Maschine bei.

Konstruktionszeichnung aus der Werkstatt Marc Seguin.

Der »Adler« war eine Lokomotive des Typs »Patentee«. Bei der Weiterentwicklung der Lokomotivtechnik war die Antriebsachse nach hinten verlegt und die Zylinder innerhalb des Rahmens der Lokomotive platziert worden. In der Folge wurden die zweiachsigen Lokomotiven immer leistungsstärker, aber auch immer schwerer. Die Lösung des Gewichtsproblems bestand darin, das Gewicht auf drei Achsen zu verteilen. So entstand der Typ »Patentee«, benannt nach der ersten Lokomotive dieses Typs »Patent«. Mehr Achsen ließen nun wiederum einen längeren Kessel und eine größere Feuerbüchse zu, was eine weitere Leistungssteigerung ermöglichte. Das Direktorium der Ludwigseisenbahn in Nürnberg bestellte mit dem »Adler« eine etwas verkleinerte Patentee-Variante, um die Lokomotive möglichst leicht zu halten.

Adler
Original 1835
Nachbau des Originals von 1935
DB Museum.

Zum hundertjährigen Jubiläum der Eisenbahn in Deutschland wurde im Reichsbahn-Ausbesserungswerk Kaiserslautern eine fahrfähige Replik des Adlers hergestellt. Die Probefahrt 1935 führte über den Hauptbahnhof Ludwigshafen.

Die »Saxonia« war die erste in Deutschland gebaute funktionsfähige Lokomotive. Der sächsische Industriepionier Johann Andreas Schubert aus Uebigau bei Dresden baute sie als Kopie der von der Leipzig-Dresdner-Eisenbahngesellschaft eingekauften Bury-Lokomotiven. Edward Bury war um 1840 neben George und Robert Stephenson der zweite wichtige englische Lokfabrikant, der allerdings auf der zweiachsigen Ausführung seiner Maschinen bestand.

Schubert wollte beweisen, dass in Deutschland ebenso gute Lokomotiven wie in England gebaut werden konnten, übernahm die Konstruktion, ergänzte sie aber mit einer Nachlaufachse, die den Lauf der Lok stabiler machen sollte. Der Wunsch, mit der »Saxonia« die Strecke zu eröffnen, blieb unerfüllt. Trotzdem wurde sie von der Eisenbahngesellschaft übernommen und war bis 1845 regelmäßig zwischen Leipzig und Dresden im Einsatz.

Saxonia
Original von 1838
Nachbau von 1989
DB Museum.

Originalteile der »Saxonia« waren nicht mehr vorhanden. So baute man ein Modell, das 1934 in Dresden ausgestellt wurde.

**Beuth**
Original 1844
Nachbau des Originals von 1912
Deutsches Museum München / Deutsches Technik Museum Berlin.

Die »Beuth« war die erste in Deutschland konstruierte und gebaute Lokomotive.

Wie Schubert baute auch August Borsig zunächst Lokomotiven nach, dabei favorisierte er als Vorbild amerikanische Maschinen.

Doch schon 1844 konnte Borsig auf der Berliner Gewerbeausstellung eine neuartige Lokomotive präsentieren. Die dreiachsige Maschine war eigenständig von ihm konstruiert worden. Sie wies die typischen Merkmale aller frühen Borsig-Lokmotiven auf: ein kuppelartiger Stehkessel mit Dampfdom über der Feuerbüchse sowie einen Langrohrkessel. Diese Konstruktion erwies sich bald als Verkaufsschlager und wurde in Serie hergestellt. Borsig benannte seine erste selbstentwickelte Lokomotive nach dem Leiter der preußischen Gewerbeakademie Christian Peter Wilhelm Beuth, der einst prophezeit hatte, dass aus ihm nie etwas werden würde.

**Liacon**
Maschinenfabrik der Wien-Gloggnitzer Bahn
Baujahr 1851
Technisches Museum, Wien.

**Gamle Ole**
Alexander Chaplin & Co, Cranstonhill
Engine Works, Glasgow, Scotland
Baujahr 1869
Dänisches Eisenbahnmuseum, Odense.

Eine der ältesten erhaltenen Dampflokomotiven ist die »Liacon« in Österreich. Die »Liacon« – deren Namenspatron der griechischen Mythologie entstammt – ist ein Beispiel für die Langlebigkeit und Robustheit der neuen Eisenbahntechnik. Die Lok wurde bereits 1851 für die Kaiser-Ferdinands-Nordbahn gebaut. Zu dieser Zeit hatte die Lok noch einen Schlepptender und wurde im Güterzugdienst eingesetzt. 1872, als ihre Leistung nicht mehr den Anforderungen entsprach, wurde der Kessel umgebaut, der Tender durch einen Satteltank auf dem Kessel ersetzt und die Kuppelachse nach hinten verlegt. So verändert wurde sie noch lange als Rangierlok eingesetzt. Bis 1923 blieb sie bei den Bundesbahnen Österreichs und wurde schließlich als Werkslok an die Stiegl-Brauerei in Salzburg verkauft. Auch mit ihren 87 Betriebsjahren ist sie ein bemerkenswertes Museumsstück.

Die »Gamle Ole« wurde 1869 für den Rangierbetrieb im Hafen Århus angeschafft. Lieferant war die schottische Firma Chaplin und Co., die seit 1855 auf den Bau von Dampfmaschinen mit stehendem Kessel spezialisiert war. Zunächst entstanden so Dampfkräne. In den sechziger Jahren wurden dann auch kleinere Rangierlokomotiven wie die »Gamle Ole« gebaut. Ihre technische Besonderheit ist der stehende und damit platzsparende Kessel. Er besteht aus einem großen Feuerraum, der direkt in den Schornstein

mündet. Das Wasser im Kessel steht kreisförmig um den Brennraum. Außerdem führen Wasserrohre von oben in den Brennraum. Sie werden von den heißen Rauchgasen erhitzt. Der Dampf wird oben am Kessel abgenommen und in die senkrecht stehenden Zylinder geführt. Die Kästen am Anfang und Ende der Lok sind die Vorratsbehälter für Kohle und Wasser.

Aufgrund ihrer sehr geringen Leistung (9 PS) »Kaffeemühle« genannt, blieb die Lok nicht lange im Einsatz und wurde bis 1928 als stationäre Dampfmaschine bzw. als Dampferzeuger genutzt. Mit den verbliebenen Originalteilen konnte die Lok 1929 rekonstruiert werden.

Die letzte Dampflokomotive, die in Deutschland entwickelt wurde, war die Baureihe 10. Sie wurde von der Deutschen Bundesbahn gemeinsam mit der Firma Krupp entwickelt und 1957 ausgeliefert. Neben der Kohlebefeuerung war sie zunächst mit einer Ölzusatzfeuerung ausgestattet, um bei Höchstbeanspruchung eine ausreichende Dampfversorgung sicherzustellen. Von der teilverkleideten Lok wurden zwei Exemplare geliefert. Wegen ihrer Achslast von 21 t war sie nur für bestimmte Teilstrecken zugelassen. Mit der Ausmusterung der beiden Lokomotiven 1969 neigte sich die Epoche der dampfbetriebenen Eisenbahnen im Regelverkehr in Deutschland dem Ende zu.

**Baureihe 10**
10 001
Deutsches Dampflokomotiv Museum, Neuenmarkt.

# Kapital

# Kapital

Der Bau der Eisenbahn im 19. Jahrhundert war nicht nur in technischer Hinsicht eine gewaltige Herausforderung. Er verschlang auch enorm viel Kapital, das von den Organisatoren des Eisenbahnbaus erst beschafft werden musste. Woher aber kam das nötige Geld?

Die häufigste Form der Finanzierung von Eisenbahnen war anfänglich die Aktiengesellschaft. Schon der Bau der weltweit ersten öffentlichen Linie – der 1825 eröffneten Strecke von Stockton nach Darlington in England – wurde durch die Ausgabe von Aktien finanziert. Und auch die Erbauer der ersten Eisenbahnen in anderen Ländern wie Deutschland, Frankreich, den USA und Russland besorgten das notwendige Geld für den Streckenbau durch Aktienverkäufe.

Die staatlichen Regierungen beschränkten sich anfänglich meist darauf, die rechtlichen Rahmenbedingungen für den Eisenbahnbau zu schaffen oder staatliche Bürgschaften zu gewähren, um eventuelle Risiken abzusichern. Zur Zeit des frühen Eisenbahnbaus galten noch die Prinzipien des Ordnungsstaates. Das heißt, der Staat hatte – so die vorherrschende Meinung – in erster Linie polizeiliche Funktionen. Wirtschaftsinvestitionen wie der Eisenbahnbau zählten nicht zu seinen Hauptaufgaben. In den meisten Fällen stand eine staatliche Finanzierung der Eisenbahnen daher gar nicht zur Debatte. Die Aktiengesellschaft erschien indes besonders geeignet für die private Kapitalbeschaffung. Mit ihr konnten die Ersparnisse einer Vielzahl von Bürgern für den Eisenbahnbau nutzbar gemacht werden. Gleichzeitig eröffneten sich für die Anleger neue Möglichkeiten, erspartes Geld gewinnbringend anzulegen.

Die erfolgreiche Eröffnung der ersten Eisenbahnlinien in England gab den Startschuss für die weltweite Ausbreitung des neuen Verkehrsmittels und zugleich für die Gründung einer Vielzahl von Aktiengesellschaften. Die Welle von Gesellschaftsneugründungen revolutionierte den internationalen Finanzmarkt, denn der Börsenhandel wuchs in kurzer Zeit um ein Vielfaches – dies war der erste Börsenboom in der Geschichte.

Unter den Aktionären der Eisenbahnaktiengesellschaften befanden sich Angehörige aus allen Schichten – kleine Angestellte ebenso wie adelige Großgrundbesitzer, in erster Linie aber Leute aus dem aufstrebenden städtischen Bürgertum – Unternehmer, Juristen und Beamte. Daneben gab es einzelne Unternehmer, die als Großaktionäre hervortraten und entsprechend große Gewinne erzielten. Als weltweit reichste Eisenbahnunternehmer des 19. Jahrhunderts gelten die Vanderbilts in den USA. Der Firmengründer Cornelius Vanderbilt brachte in der Mitte des Jahrhunderts die wichtigsten amerikanischen Eisenbahnlinien unter seine Kontrolle. Zum Zeitpunkt seines Todes 1877 war er der reichste Mann der Welt. Sein gewaltiges Eisenbahnimperium vererbte er seinem ältesten Sohn William Henry, der die Geschäfte seines Vaters erfolgreich weiterführte.

Doch Erfolg war im Eisenbahngeschäft des 19. Jahrhunderts keineswegs selbstverständlich. Abenteuerliche Spekulationen mit Eisenbahnaktien und Optionsscheinen führten nicht nur in Nordamerika, sondern auch in Kontinentaleuropa zu Pleiten und hohen Verlusten bei den Anlegern. In Deutschland löste die Pleite des »Eisenbahnkönigs« Bethel Henry Strousberg eine politische Krise aus. Strousberg hatte mit seinen Eisenbahnprojekten ab 1861 den zeitweise größten deutschen Konzern geschaffen, der nach nur wenigen Jahren 1875 in Konkurs ging.

Die »Spekulationswut« im Eisenbahngeschäft ebenso wie die wachsende infrastrukturelle und wirtschaftliche Bedeutung der Eisenbahn ließen den Ruf nach staatlicher Kontrolle immer lauter werden. Während in den USA die Privatinitiative gegenüber der staatlichen Lenkung weiterhin bevorzugt wurde, gingen in Europa die meisten Regierungen nach 1870 dazu über, die privaten Eisenbahnaktiengesellschaften zu verstaatlichen. Da die Gesellschaften in dieser Zeit ansehnliche Gewinne erwirtschafteten, war die Übernahme für den Staat trotz Ausgleichszahlungen an die Aktionäre lukrativ.

Mehr als hundert Jahre später setzen viele europäische Regierungen wieder auf mehr Konkurrenz und eine Privatisierung des Schienenverkehrs, um die Eisenbahn angesichts der starken Konkurrenz von Straßen- und Luftverkehr rentabler zu machen. In Deutschland wurde 1994 mit der Bahnreform und der Gründung der Deutschen Bahn AG der Abschied von der überwiegend aus Steuermitteln finanzierten Behördenbahn eingeleitet.

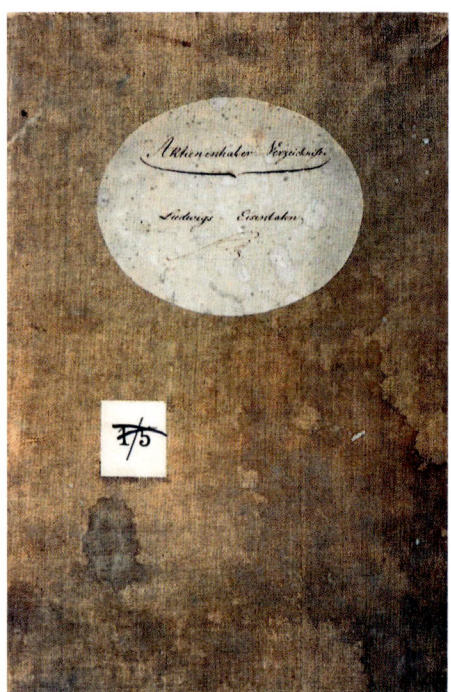

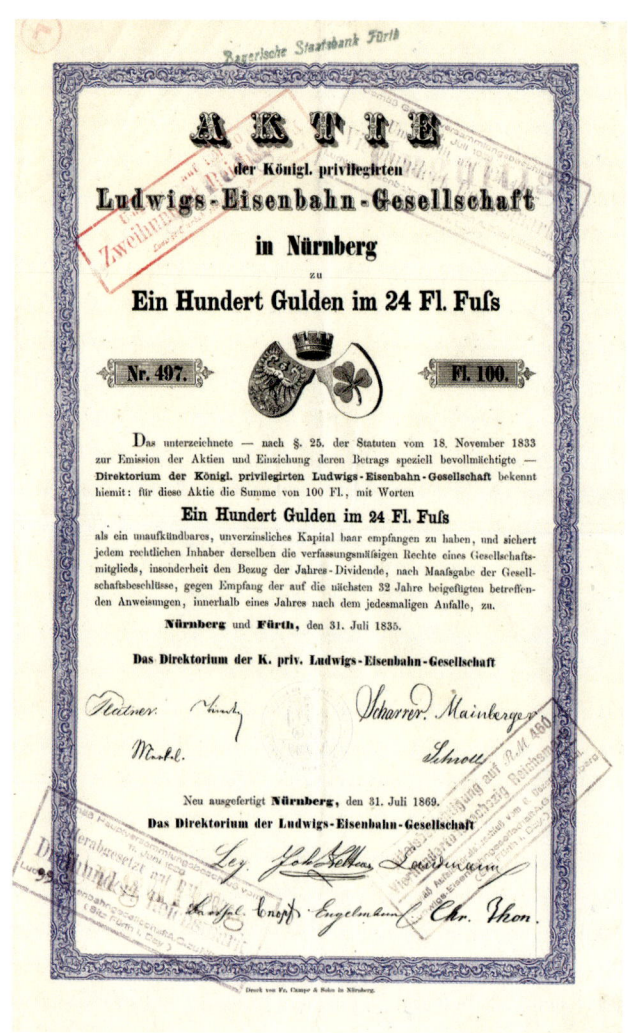

Aktie der Ludwigs-Eisenbahn von 1869.

Titel und Innenseite aus dem Aktionärsverzeichnis der Ludwigs-Eisenbahn von 1834.

Im Gegensatz zu späteren Eisenbahnunternehmungen verlief der Aktienverkauf bei der Ludwigs-Eisenbahn sehr schleppend. Erst nach mehreren Monaten war das erforderliche Kapital von 175.000 Gulden beisammen. Allein der Nürnberger Marktvorsteher Georg Zacharias Platner, Hauptinitiator der Eisenbahn, erwarb Aktien im Wert von 11.000 Gulden – nach heutigem Stand rund 330.000 Euro. Unter den 207 Aktionären fanden sich aber auch 101 Kleinaktionäre, Dienstboten, Krämer, untere städtische Angestellte, die jeweils nur eine oder zwei Aktien im Wert von 100 oder 200 Gulden erworben hatten. Enttäuschend fiel das Engagement des bayerischen Staates aus, der nur zwei Aktien kaufte und diese erst nach mehrmaliger Ermahnung bezahlte.

Die Aktie der Eisenbahn Stockton-Darlington von 1823 gehört zu den ältesten Eisenbahnaktien der Welt.

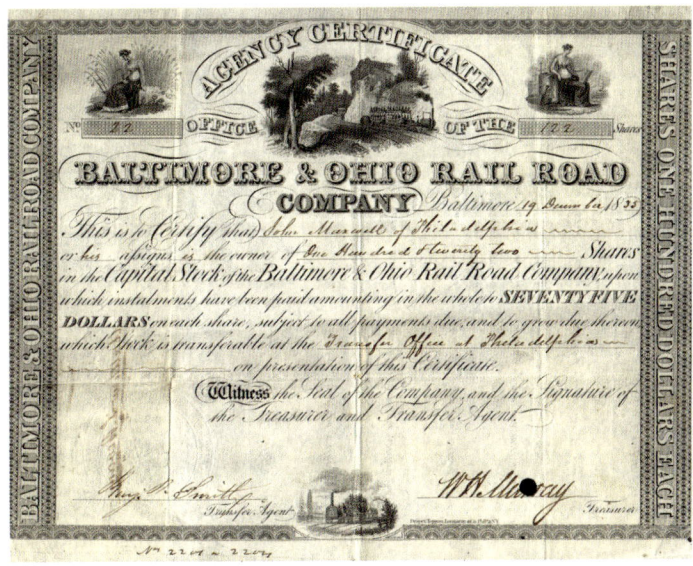

Die Baltimore & Ohio Railroad ging 1830 in Betrieb und war damit die erste nordamerikanische Eisenbahnlinie.

Auch auf der ersten amerikanischen Eisenbahnstrecke wurde abwechselnd mit Dampf und Pferdekraft gefahren.

Das Foto zeigt das Gründungskomitee der Tilsit-Insterburger Eisenbahn 1861, rechts am Tisch sitzend Bethel Henry Strousberg. Mit der Beteiligung an der Tilsit-Insterburger Eisenbahn begann der Aufstieg Strousbergs zum »Eisenbahnkönig«. Ihm gelang es Optionsscheine zu platzieren, um den Streckenbau zu finanzieren. Insofern war er einer der wenigen »amerikanischen Unternehmer« in Europa.

Bethel Henry Strousberg (1823–1884) galt als der deutsche »Eisenbahnkönig«. Aus Ostpreußen stammend, wurde er in England und Amerika zum Wirtschaftsfachmann. Der kometenhafte Aufstieg und tiefe Fall des »Eisenbahnkönigs« zählen zu den spektakulärsten Ereignissen in der deutschen Wirtschaftsgeschichte des 19. Jahrhunderts. Zwischen 1861 und 1870 gelang es dem Eisenbahnunternehmer Strousberg, den damals größten deutschen Konzern aufzubauen. Schon beim Bau der Tilsit-Insterburger Eisenbahn in Ostpreußen 1861 etablierte er sein besonderes System der Kapitalbeschaffung: Strousberg organisierte die Bauausführung und erhielt zur Finanzierung des Projekts Aktien der Bahngesellschaft. Das »System Strousberg« funktionierte aber nur so lange, wie die Aktien am Markt verkäuflich waren. Während des deutsch-französischen Krieges 1870/71 war dies zeitweise nicht mehr der Fall. Bei seinen in Bau befindlichen Eisenbahnen in Rumänien geriet Strousberg in starke Finanzierungsnöte, da er die Baufirmen nicht mehr bezahlen konnte. Nach weiteren Krisen gingen 1875 alle seine Unternehmen in Konkurs. Der sozial und politisch engagierte Unternehmer konnte danach nicht mehr an die früheren Erfolge anknüpfen und musste sein großzügiges Palais in der Berliner Wilhelmstraße verkaufen.

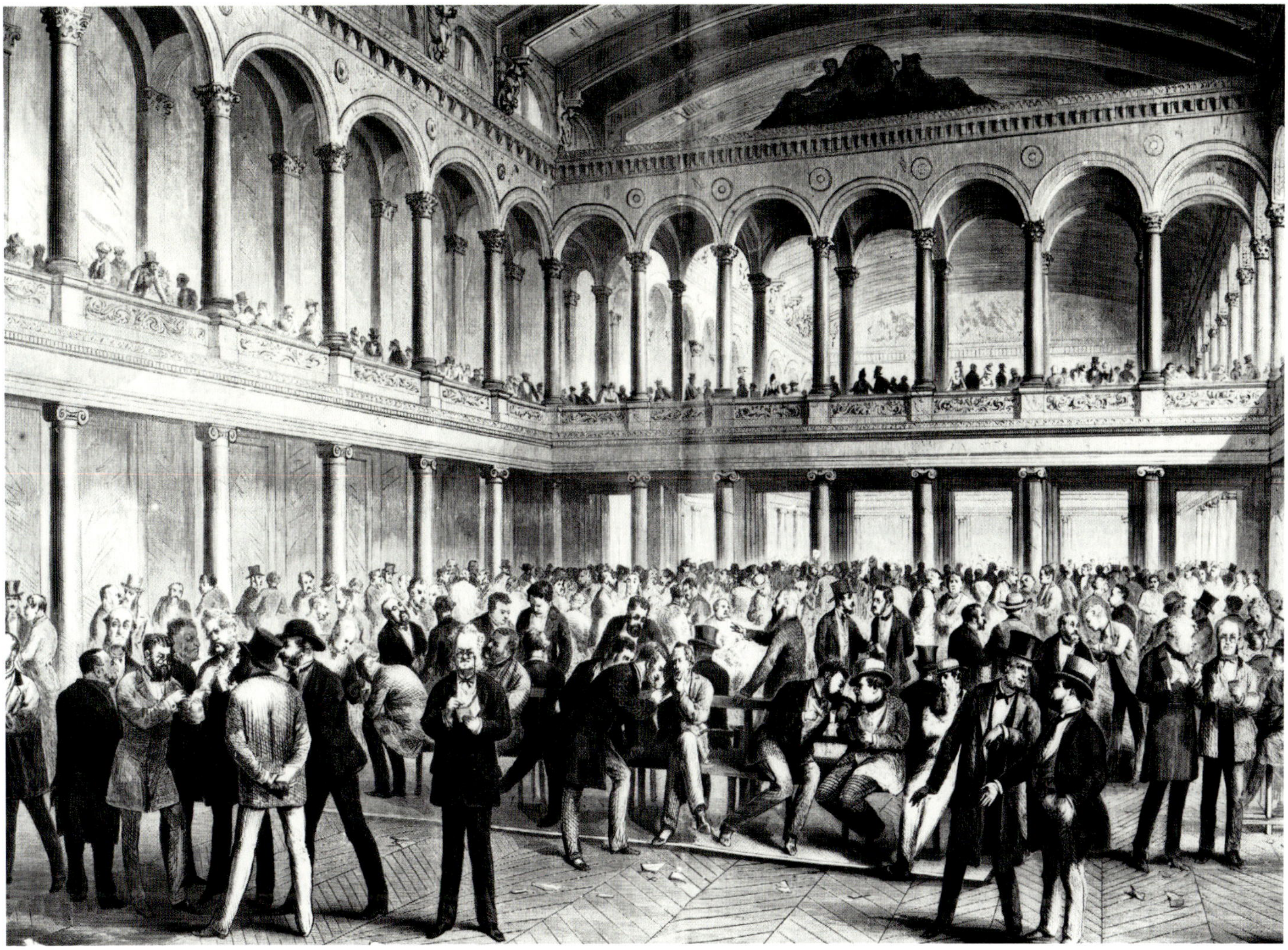

Die Berliner Börse war im 19. Jahrhundert das Zentrum für den deutschen Handel mit Eisenbahnpapieren.

**Stamm-Prioritäts-Actie**
der
**Berliner Nord-Eisenbahn-Gesellschaft**
über
**Zwei Hundert Thaler Preußisch Courant**
**oder 30 Pfund Sterling.**

Der Inhaber dieser Actie ist nach Verhältniss des Betrages derselben in Gemässheit des am 18. Juni 1870 Allerhöchst bestätigten Statuts an dem gesammten Eigenthume der Berliner Nord-Eisenbahn-Gesellschaft und an dem Gewinne und Verluste derselben mit allen denjenigen Vorrechten betheiligt, die nach dem Gesellschafts-Statute den Inhabern der Stamm-Prioritäts-Actien zustehen, insbesondere also mit dem prioritätischen Anspruche auf Gewährung einer Dividende von fünf Procent pro anno aus dem Reinertrage des Unternehmens der Gesellschaft, ehe irgend eine Dividendenzahlung an die Inhaber der Stamm-Actien stattfinden darf.

Berlin, den 1. Juli 1870.

**Berliner Nord-Eisenbahn-Gesellschaft.**
**Die Direction.**

**Preference-Share**
of the
**Berlin-North-Railway-Company**
of
**Two Hundred Thalers Prussian Currency**
**or Thirty Pounds Sterling.**

№ 24658.

The bearer of this Share participates pro rata in the entire property belonging to the Berlin-North-Railway-Company as well as in the profit and loss thereof with all those rights, which the bearer of preference-shares is entitled to, according to the statutes approved by Royal decree of the 18th of June 1870 especially of a right of preference of Five Percent per annum Dividend out of the nett-revenue of the earnings of the Company before any Dividend can be paid to the holders of ordinary-shares.

Berlin, the 1st of July 1870.

**Berlin-North-Railway-Company.**
**Directors.**

Eingetragen Fol. 247 des Actienbuches. Share ledger.

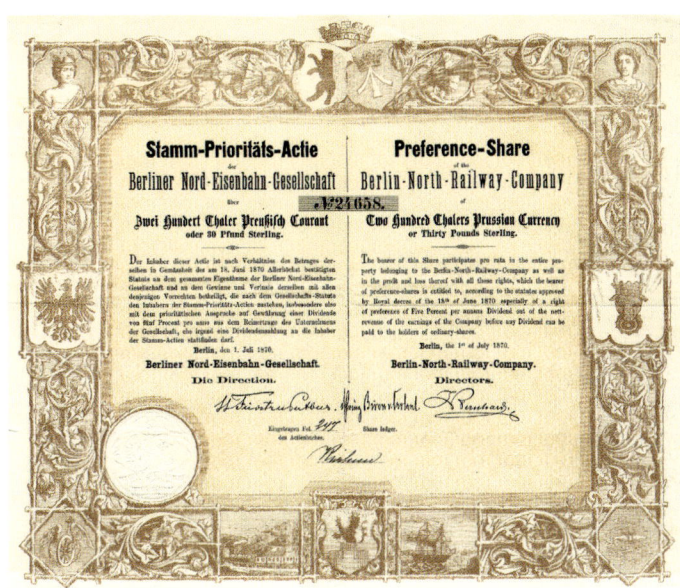

Die Aktiengesellschaft der Berliner Nord-Eisenbahn, die zum Bau der Strecke Berlin-Stralsund gegründet wurde, geriet 1873 in den Sog der Strousberg-Affäre. Durch den Verfall der Aktienkurse konnte sie das nötige Geld für den Bahnbau nicht mehr aufbringen und wurde 1875 vom preußischen Staat übernommen. Erst 1878 konnte die Strecke in Betrieb genommen werden.

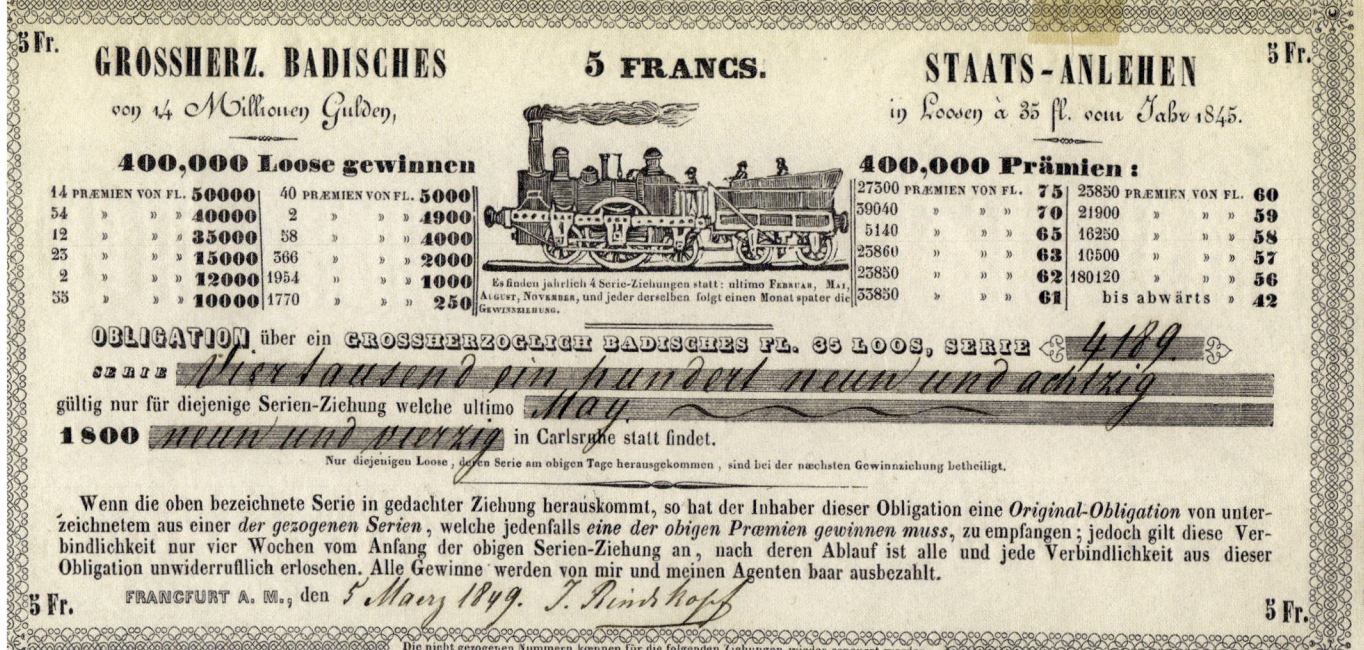

Neben dem Herzogtum Braunschweig zählte Baden zu den wenigen deutschen Ländern, in denen der Staat die Eisenbahnen von Anfang an auf eigene Rechnung baute. Zur Finanzierung wurden Staatsanleihen ausgegeben wie diese von 1849.

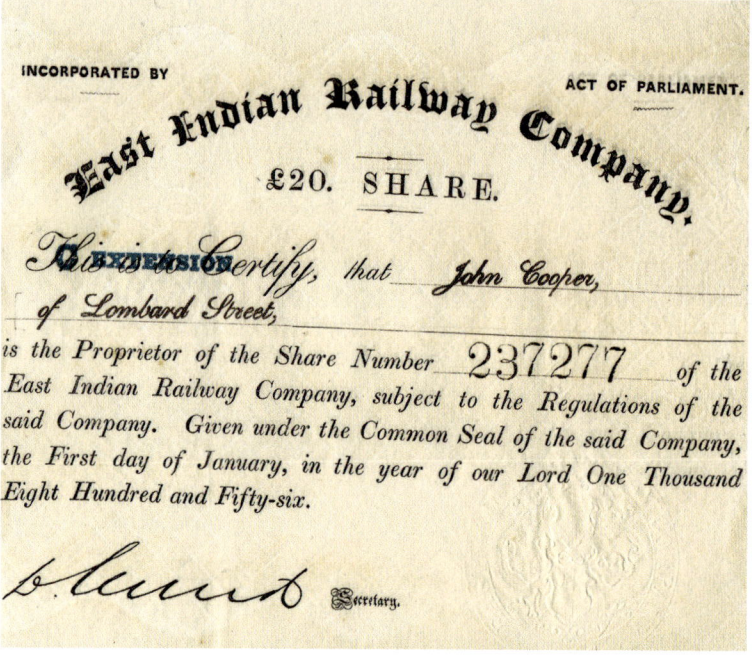

Indien war in der Pionierzeit der Eisenbahnen eine Kronkolonie des britischen Königreichs, von wo auch das meiste Geld für den Bahnbau stammte. Die 1845 gegründete East Indian Railway Company baute eine erste Strecke im Norden Indiens, um das Wirtschaftszentrum Westbengalens mit Kalkutta zu verbinden.

Die Gesellschaft »La Haute Sangha« errichtete Eisenbahnen in Französisch-Kongo, das seit 1891 französische Kolonie war. Die Kolonialmächte förderten in der Regel den Ausbau der Eisenbahnen in ihren Kolonien, um die Rohstoffe des Landes ausbeuten zu können.

Die Eisenbahn Guayaquil-Quito in Ecuador wurde zwischen 1873 und 1908 gebaut. Sie hatte enorme Bedeutung für die wirtschaftliche Entwicklung des politisch unabhängigen südamerikanischen Landes.

In Frankreich konzentrierte sich das private Eisenbahngeschäft im Laufe der Zeit auf wenige große Gesellschaften, die durch Übernahmen und Zusammenschlüsse ihr Streckennetz stetig erweiterten. Die Eisenbahngesellschaft, die 1858 die Strecke Lyon-Genf eröffnete, wurde 1862 von der Compagnie Paris-Lyon-Méditerranée, kurz PLM, übernommen. Die PLM, aus der 1934 die PO-Midi, hervorging, war von 1857 bis 1938 die größte Privatbahn in Frankreich.

Der Aufstieg des Eisenbahn-Magnaten Cornelius Vanderbilt gleicht der amerikanischen Erfolgsgeschichte vom Tellerwäscher zum Millionär. Mit 16 Jahren und 100 Dollar in der Tasche gründete er 1810 in New York ein kleines Fährunternehmen. Die Firma war der Anfang vom Aufstieg des »Commodore« zum Dampfschifffahrts-Magnaten. 35 Jahre später wechselte er in das Eisenbahngeschäft. In der Folgezeit konnte er die wichtigsten amerikanischen Eisenbahnlinien unter seine Kontrolle bringen.

Bei seinem Tod 1877 besaß Cornelius Vanderbilt ein Vermögen von mehr als 100 Millionen Dollar, das er größtenteils seinem ältesten Sohn William Henry vermachte. Dieser führt die Geschäfte seines Vaters erfolgreich weiter. Henrys Vermögen war bei seinem Tod 1885 fast doppelt so groß wie das seines Vaters: 194 Millionen Dollar – nach heutigem Wert etwa 231 Milliarden Dollar.

Der »Commodore« Cornelius Vanderbilt 1865.

THE GREAT RACE FOR THE WESTERN STAKES 1870

Cornelius Vanderbilt galt als rücksichtsloser Unternehmer, der Konkurrenten mit allen möglichen Mitteln bekämpfte. Die Auseinandersetzungen mit Jim Fisk und anderen Konkurrenten um die Erie-Eisenbahn ging als »Erie-Krieg« in die Geschichtsbücher ein. Die Karikatur zu den Geschehnissen um die Erie-Eisenbahn erschien 1870.

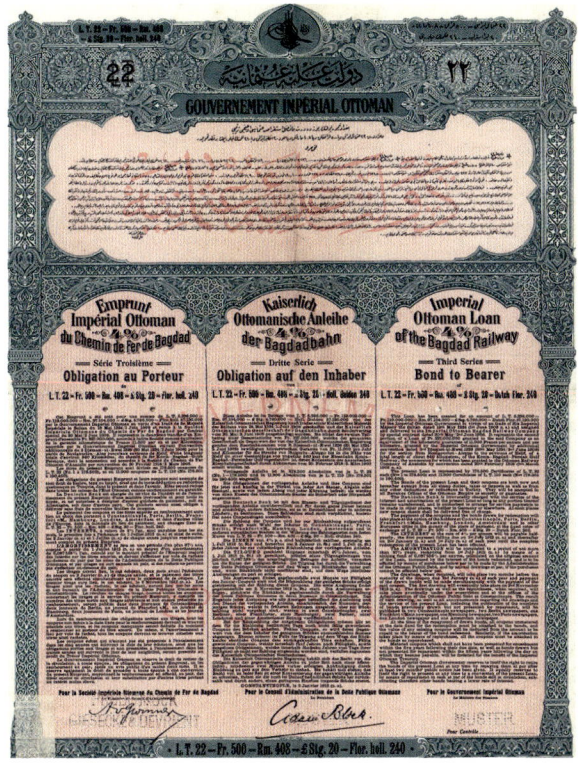

Anleihe der Bagdadbahn von 1912.

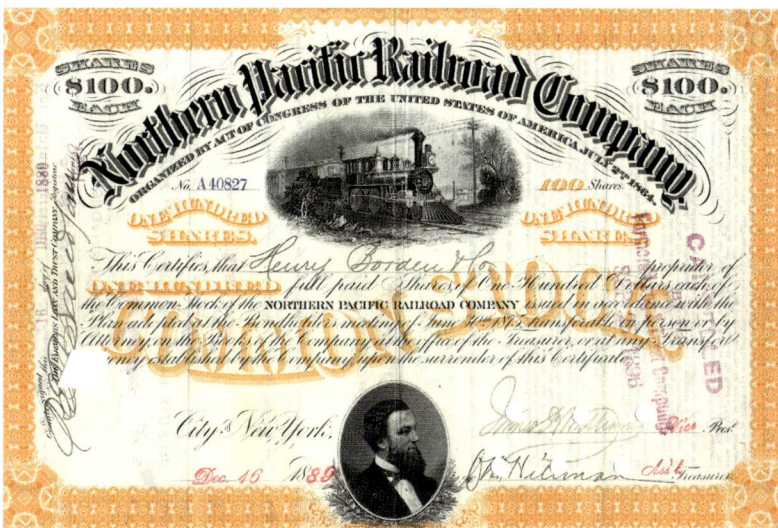

Die Northern Pacific Railroad Company wurde 1864 gegründet mit dem Ziel, eine transkontinentale Verbindung im Norden der USA zu bauen. 1883 erwarb die Deutsche Bank eine ansehnliche Beteiligung an der Gesellschaft.

Der von der Deutschen Bank finanzierte Bau der Bagdadbahn wurde zum Sinnbild dafür, wie unterschiedliche Staatsinteressen die Finanzierung internationaler Eisenbahnlinien zu einem schwer kalkulierbaren Risiko machten. Die Deutsche Bank hatte sich seit ihrer Gründung 1870 rasch zu einer der bedeutendsten Großbanken in Deutschland entwickelt. Einer der geschäftlichen Schwerpunkte der neuen Aktienbank wurde der internationale Eisenbahnbau. Unter der Führung ihres Vorstandssprechers Georg von Siemens beteiligte sich die Deutsche Bank vor allem an der Northern Pacific Railway in den USA und an der Bagdadbahn im Osmanischen Reich.

Die 3.000 km lange Bagdadbahn, deren Bau 1888 unter Führung der Deutschen Bank begonnen wurde, berührte die politischen, wirtschaftlichen und militärischen Interessen mehrerer Großmächte – neben Deutschland Russland, England und Frankreich. Die Gegensätze zwischen den Staaten sowie technische Probleme führten immer wieder zu Verzögerungen beim Bau. Als die Deutsche Bank 1928 ihre Anteile an der Bagdadbahn an die türkische Regierung verkaufte, fehlte immer noch ein 300 km langes Teilstück.

Der Bankier Georg von Siemens als Bahnwärter der Bagdadbahn in einer Karikatur von 1900.

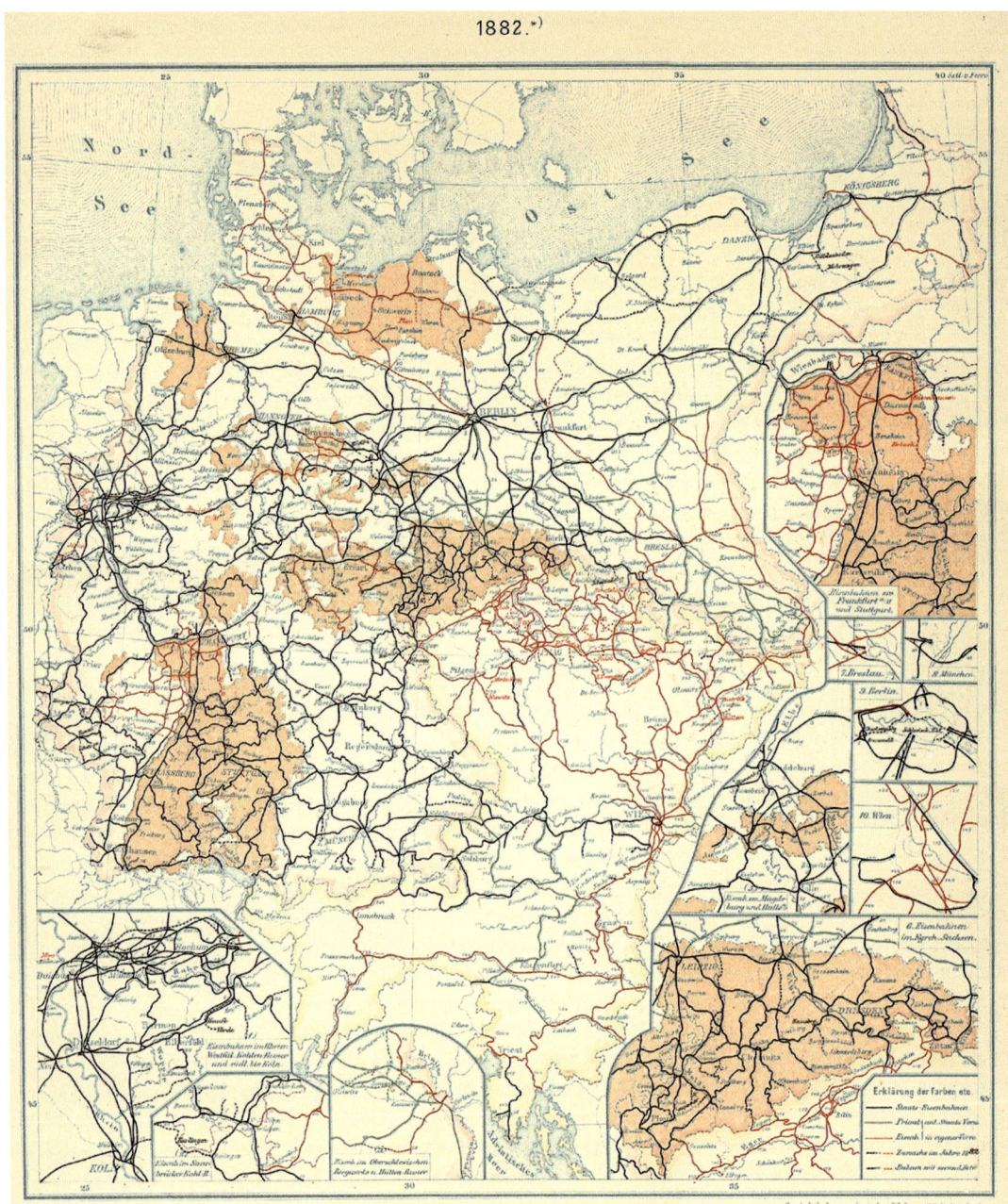

1882 war der Anteil der Eisenbahnen unter staatlicher Verwaltung bereits sehr groß.

In Deutschland setzte ab 1870 eine Welle von Verstaatlichungen der Privatbahnen ein. Bis zum Vorabend des Ersten Weltkriegs war das deutsche Streckennetz weitgehend im Besitz von sieben Länderbahnen. Der von Reichskanzler Otto von Bismarck favorisierte Aufbau einer nationalen Eisenbahn wurde erst 1920 mit der Gründung der Deutschen Reichsbahn verwirklicht.

Die Verstaatlichung der Privatbahnen verlief ähnlich auch in anderen europäischen Ländern. In Frankreich forcierte der Staat ab 1878 die Übernahme privater Eisenbahngesellschaften in seinen Besitz, die letzte große private Eisenbahngesellschaft PO-Midi wurde 1938 von der SNCF übernommen. In Großbritannien wurden die Privatbahnen per Gesetz von 1921 zunächst zu vier großen Gesellschaften vereinigt, den »Big Four«. Diese wurden 1948 in der staatlichen Gesellschaft »British Rail« zusammengefasst.

Nach dem Zweiten Weltkrieg wurden die Eisenbahnen im geteilten Deutschland weiter als Staatsbetriebe geführt. In der DDR folgte sie den Vorgaben der Planwirtschaft. In der Bundesrepublik hatte sie gemeinwirtschaftliche Aufgaben zu erfüllen und sollte zugleich kaufmännisch wirtschaften. Beide Modelle erwiesen sich mit dem Ende der Monopolstellung der Eisenbahn auf dem Verkehrsmarkt als hoch defizitär. Die Wiedervereinigung Deutschlands machte dies nur noch deutlicher. Die Gründung der Deutschen Bahn AG 1994 war das Ergebnis einer Bahnreform, deren vorrangiges Ziel der Umbau der chronisch defizitären Bahnbetriebe in ein Unternehmen war. Befreit von Altschulden, sollte die neue Deutsche Bahn wirtschaftlich auf eigenen Füßen stehen.

**Innerhalb von vier Jahren** wurden die Bundesbahn und die Reichsbahn zu einem neuen Unternehmen verschmolzen. Heinz Dürr, der erste Vorstandsvorsitzende der DB AG, und Verkehrsminister Matthias Wissmann zeigen während des Festaktes am Ostbahnhof in Berlin die Gründungsurkunde.

**Vor der Gründung der Deutschen Bahn AG** war eine Grundgesetzänderung notwendig. Die Bahnreform und die Zusammenführung der beiden Staatsbahnen konnte nun umgesetzt werden.

## Gesetz zur Änderung des Grundgesetzes
vom 20. Dezember 1993

Der Bundestag hat mit Zustimmung des Bundesrates das folgende Gesetz beschlossen; Artikel 79 Abs. 2 des Grundgesetzes ist eingehalten:

### Artikel 1

Das Grundgesetz für die Bundesrepublik Deutschland in der im Bundesgesetzblatt Teil III, Gliederungsnummer 100-1, veröffentlichten bereinigten Fassung, zuletzt geändert durch das Gesetz vom 28. Juni 1993 (BGBl. I S. 1002), wird wie folgt geändert:

1. Artikel 73 wird wie folgt geändert:
   a) In Nummer 6 werden die Wörter „die Bundeseisenbahnen und" gestrichen.
   b) Nach Nummer 6 wird folgende Nummer 6a eingefügt:
      „6a. den Verkehr von Eisenbahnen, die ganz oder mehrheitlich im Eigentum des Bundes stehen (Eisenbahnen des Bundes), den Bau, die Unterhaltung und das Betreiben von Schienenwegen der Eisenbahnen des Bundes sowie die Erhebung von Entgelten für die Benutzung dieser Schienenwege;".

2. Artikel 74 Nr.23 wird wie folgt gefaßt:
   „23. die Schienenbahnen, die nicht Eisenbahnen des Bundes sind, mit Ausnahme der Bergbahnen;".

3. In Artikel 80 Abs. 2 werden nach dem Wort „Einrichtungen" die Wörter „der Bundeseisenbahnen und" gestrichen und nach den Wörtern „des Post- und Fernmeldewesens," die Wörter „über die Grundsätze der Erhebung des Entgelts für die Benutzung der Einrichtungen der Eisenbahnen des Bundes," eingefügt.

4. In Artikel 87 Abs.1 Satz 1 werden die Wörter „die Bundeseisenbahnen," gestrichen.

5. Nach Artikel 87d wird folgender Artikel eingefügt:

   „Artikel 87e

   (1) Die Eisenbahnverkehrsverwaltung für Eisenbahnen des Bundes wird in bundeseigener Verwaltung geführt. Durch Bundesgesetz können Aufgaben der Eisenbahnverkehrsverwaltung den Ländern als eigene Angelegenheit übertragen werden.

   (2) Der Bund nimmt die über den Bereich der Eisenbahnen des Bundes hinausgehenden Aufgaben der Eisenbahnverkehrsverwaltung wahr, die ihm durch Bundesgesetz übertragen werden.

   (3) Eisenbahnen des Bundes werden als Wirtschaftsunternehmen in privat-rechtlicher Form geführt. Diese stehen im Eigentum des Bundes, soweit die Tätigkeit des Wirtschaftsunternehmens den Bau, die Unterhaltung und das Betreiben von Schienenwegen umfaßt. Die Veräußerung von Anteilen des Bundes an den Unternehmen nach Satz 2 erfolgt auf Grund eines Gesetzes; die Mehrheit der Anteile an diesen Unternehmen verbleibt beim Bund. Das Nähere wird durch Bundesgesetz geregelt.

   (4) Der Bund gewährleistet, daß dem Wohl der Allgemeinheit, insbesondere den Verkehrsbedürfnissen, beim Ausbau und Erhalt des Schienennetzes der Eisenbahnen des Bundes sowie bei deren Verkehrsangeboten auf diesem Schienennetz, soweit diese nicht den Schienenpersonennahverkehr betreffen, Rechnung getragen wird. Das Nähere wird durch Bundesgesetz geregelt.

   (5) Gesetze auf Grund der Absätze 1 bis 4 bedürfen der Zustimmung des Bundesrates. Der Zustimmung des Bundesrates bedürfen ferner Gesetze, die die Auflösung, die Verschmelzung und die Aufspaltung von Eisenbahnunternehmen des Bundes, die Übertragung von Schienenwegen der Eisenbahnen des Bundes an Dritte sowie die Stilllegung von Schienenwegen der Eisenbahnen des Bundes regeln oder Auswirkungen auf den Schienenpersonennahverkehr haben."

6. Nach Artikel 106 wird folgender Artikel eingefügt:

   „Artikel 106a

   Den Ländern steht ab 1. Januar 1996 für den öffentlichen Personennahverkehr ein Betrag aus dem Steueraufkommen des Bundes zu. Das Nähere regelt ein Bundesgesetz, das der Zustimmung des Bundesrates bedarf. Der Betrag nach Satz 1 bleibt bei der Bemessung der Finanzkraft nach Artikel 107 Abs. 2 unberücksichtigt."

7. Nach Artikel 143 wird folgender Artikel eingefügt:

   „Artikel 143a

   (1) Der Bund hat die ausschließliche Gesetzgebung über alle Angelegenheiten, die sich aus der Umwandlung der in bundeseigener Verwaltung geführten Bundeseisenbahnen in Wirtschaftsunternehmen ergeben. Artikel 87e Abs. 5 findet entsprechende Anwendung. Beamte der Bundeseisenbahnen können durch Gesetz unter Wahrung ihrer Rechtsstellung und der Verantwortung des Dienstherrn einer privat-rechtlich organisierten Eisenbahn des Bundes zur Dienstleistung zugewiesen werden.

   (2) Gesetze nach Absatz 1 führt der Bund aus.

   (3) Die Erfüllung der Aufgaben im Bereich des Schienenpersonennahverkehrs der bisherigen Bundeseisenbahnen ist bis zum 31. Dezember 1995 Sache des Bundes. Dies gilt auch für die entsprechenden Aufgaben der Eisenbahnverkehrsverwaltung. Das Nähere wird durch Bundesgesetz geregelt, das der Zustimmung des Bundesrates bedarf."

### Artikel 2

Dieses Gesetz tritt am Tage nach der Verkündung in Kraft.

Um neues Kapital aufzunehmen, hat die Deutsche Bahn AG die Möglichkeit Anleihen ausgeben. Sie gelten als »Witwen- und Waisenpapiere«, also als besonders sichere Geldanlagen. Die Schmuckanleihe wurde 2001 vor der Einführung des Euro in der nationalen Währung auf den Markt gebracht. Sie ist vor allem für Sammler interessant.

Emblem der Deutschen Reichsbahn von 1920.

Logo der Deutschen Reichsbahn.

Logo der Deutschen Bundesbahn.

Logo der Deutschen Bahn AG ab 1994.

**Arbeit**

# Arbeit

Im Laufe des 19. Jahrhunderts entwickelte sich »die Eisenbahn« zu einem der größten Arbeitgeber in Deutschland. Waren 1850 etwa 26.000 Personen bei den Eisenbahngesellschaften beschäftigt, so zählte man knapp 25 Jahre später bereits 243.000 Personen. Hinzu kam eine weit größere Zahl an Arbeitern und Handwerkern, die beim Eisenbahnbau oder in den Werkstätten der Lokomotiv- und Wagenfabriken ihr Geld verdienten. Stetig stieg aber vor allem die Zahl der bei den Staatseisenbahnen Beschäftigten. Die aus den Länderbahnen 1920 neu entstandene Deutsche Reichsbahn zählte weit über eine Million Beamte, Angestellte und Arbeiter. Nicht umsonst sprach man gerade zur Jahrhundertwende vom »Heer der Eisenbahner«. Damit war nicht nur die reine Zahl der Beschäftigten gemeint, sondern auch deren Auftreten als Repräsentanten einer streng hierarchischen Organisation, die sich, sowohl was ihre Dienstordnungen als auch ihre Uniformierung betraf, stark am Militär orientierte. »Das soldatische Äußere, welches das deutsche Eisenbahnsystem in Folge der Verstaatlichung naturgemäß empfangen musste«, hieß es in einem 1896 erschienenen Werk, »bildet vielleicht den bemerkenswerthesten Zug in der Erscheinung der deutschen Bahnen. Das straffe, vertrauenerweckende Äußere, die anspruchslose Treue und Hingebung der Beamten ist eine der schönsten Eigenschaften, welche nach dem Urtheile bedeutender Kenner des Eisenbahnwesens aller Länder den anderen Erscheinungen des Eisenbahnwesens vorzuziehen sein dürfte.«

Ob »die Eisenbahner« dies genauso sahen, darüber gibt es kaum Zeugnisse. Die Eisenbahnverwaltungen waren jedenfalls gehalten, vor allem Militäranwärter einzustellen, und ohne Zweifel hatte alles

Das Bild vom uniformierten Eisenbahnpersonal bestimmte noch weit bis in das 20. Jahrhundert hinein das Image der Arbeit als Eisenbahner. Für den Fototermin in der Zeit um 1895 erschien das Personal des Bahnhofs Donauwörth in seinen königlich bayerischen Eisenbahnuniformen.

Militärische im Kaiserreich des ausgehenden 19. Jahrhunderts einen hohen gesellschaftlichen Rang. Hinzu kam das Verbot der politischen Betätigung und Organisation für alle im Staatsdienst Beschäftigten. Gleichwohl war die Eisenbahn der größte zivile Arbeitgeber. Er setzte mit seinem Lohn- und Gehaltsgefüge, mit den Hierarchien in seinem Betrieb, aber auch mit dem dort herrschenden Verhältnis von Beamten, Angestellten und Arbeitern Maßstäbe für die gesamte Arbeits- und auch Lebenswelt der Zeit. Früher als in anderen Bereichen hatte sich bei den Staatsbahnen die dauerhafte Anstellung durchgesetzt. Auch wenn die Löhne nicht hoch ausfielen, der krisensichere Arbeitsplatz bot ausreichenden Anreiz. Die sozialen oder auch wohltätigen Einrichtungen vermittelten besonders Familien zusätzliche Sicherheiten, wie überhaupt die Eisenbahnverwaltungen ein großes Interesse an deren Existenzsicherung hatten. Es galt beispielsweise als nicht ungewöhnlich, dass die Ehefrauen und Töchter der einfachen Eisenbahnbeamten etwas zum Familieneinkommen beitrugen. In der Enzyklopädie des Eisenbahnwesens hieß es 1892 unter dem Stichwort Frauen: »Man beschäftigt gewöhnlich weibliche Angehörige von Beamten und bessert damit einerseits die Lage der Beamten und fördert andererseits mit Rücksicht auf die geringen Bezüge, welche den F. gewährt werden, die Ökonomie in der Verwaltung.« Ansonsten aber blieb der Beruf des Eisenbahners eine Männerdomäne.

Die Bezeichnung »Eisenbahner« ist ein Sammelbegriff, der bis heute ganz unterschiedliche Tätigkeiten und Berufe umfasst. Längst hat sich die Zahl der Beschäftigten reduziert. Die Einführung neuer Technik und mehrere Rationalisierungswellen haben die Produktivität jedes einzelnen Mitarbeiters enorm erhöht. Und dennoch ist das Spektrum der Tätigkeiten bei der Eisenbahn noch groß. Die knapp 240.000 Beschäftigten der Deutschen Bahn AG arbeiten in etwa 300 Berufsfeldern – vom Gleisbauer über den Lokführer und Speditionskaufmann bis zum IT-Experten und Juristen. Viele Berufe, die beinahe synonym für die Eisenbahn standen, wie die des Bremsers, des Heizers oder Schrankenwärters, sind inzwischen verschwunden. Gleichwohl bleibt der Eisenbahnbetrieb hoch arbeitsteilig organisiert. Die Verantwortung, einen Zug sicher und möglichst unfallfrei von A nach B zu fahren, ist auf vielen Schultern verteilt. Diese Kenntnis gibt der Bezeichnung »Eisenbahner«, »Chemniots« oder »Railwayman« noch heute einen besonderen Klang. Auch wenn jede Eisenbahngesellschaft technische und betriebliche Eigenheiten herausbildete, so gibt es ein grenzüberschreitendes Grundverständnis von der Profession des »Eisenbahners« und den besonderen Herausforderungen des Bahnbetriebs.

Das Personal des Bahnhofs in Eger ließ sich 1902 vor einer bayerischen Dampflokomotive fotografieren.

Die Ludwigs-Eisenbahn in Nürnberg erneuerte 1906 die Gleise. Bei dem Gruppenfoto handelt es sich um die Gleis- und Streckenarbeiter des beauftragten Bauunternehmers.

Das Personal des Bahnhofs Fürth im Jahr 1902. Dieses Foto stammt aus einer Serie von Aufnahmen, die im Auftrag der Königlich Bayerischen Staatseisenbahn aufgenommen wurde.

Einer der ersten Arbeitsverträge in der deutschen Eisenbahngeschichte war zweisprachig verfasst: der Dienstvertrag zwischen dem Engländer William Wilson (1809–1862) und dem Direktorium der Ludwigs-Eisenbahn-Gesellschaft aus dem Jahr 1836. Der Vertrag mit einer dreimonatigen Kündigungsfrist verpflichtete Wilson, falls er wieder zurück in seine Heimat wollte, einen Nachfolger auszubilden. Wilson blieb, verliebte sich in eine Nürnbergerin und arbeitete als Ingenieur im Dienst der Ludwigs-Eisenbahn.

of the rails and to order any reparation or do so himself;—

4, to instruct some young men in the conducting and management of the locomotives in order to be supplied in any case of need, with such individuals as may replace him.

On the other hand the directors of the Lewis railway grant Mr. Wilson annual wages amounting to the sum of fifteen hundred florins (rhinisch) to be paid in monthly rate of one hundred five and twenty florins with an additional remuneration of two hundred forty florins fee for instructing an apprentice, to be paid after such an individual has finished his course and can be instructed with the management of the locomotive.

The present agreement takes place on the first day of next September and written in the german and englisch tongue of the same tenour, is to be signed by the substitute of the absent director of the railroad-company, Mr. Wilson and his interpreter Mr. Gambihler, Doctor and teacher of modern languages, the ratification of the other directors of the railroad to be instantly furnished.

Nuremberg, August 6th 1836.

John Scharrer
William Wilson

The underwritten members of the railroad committee and directors do ratify and acknowledge the above agreement in all its particulars.

Nuremberg the 6. August 1836.

Winder — Merkel.
Mainberger. Schroll.
H. J. Meyer in fürth

Für die Eisenbahngesellschaften war die Sicherheit ihrer Mitarbeiter immer ein Thema. Neben dem Bergbau sowie der Eisen- und Stahlindustrie war der Betriebsdienst bei den Eisenbahnen besonders unfallgefährdet. Nach ihrer Konsolidierung als Deutsche Reichsbahn 1920 begann bei der Eisenbahn in Deutschland ein enormer Modernisierungsschub. Die neuesten Erkenntnisse aus der Arbeitsphysiologie und -psychologie werden sowohl für die Rationalisierung von Arbeitsplätzen als auch für die Unfallverhütung genutzt. So sollten die Reichsbahner mit Hilfe von Fotos und Falsch-Richtig-Darstellungen dazu

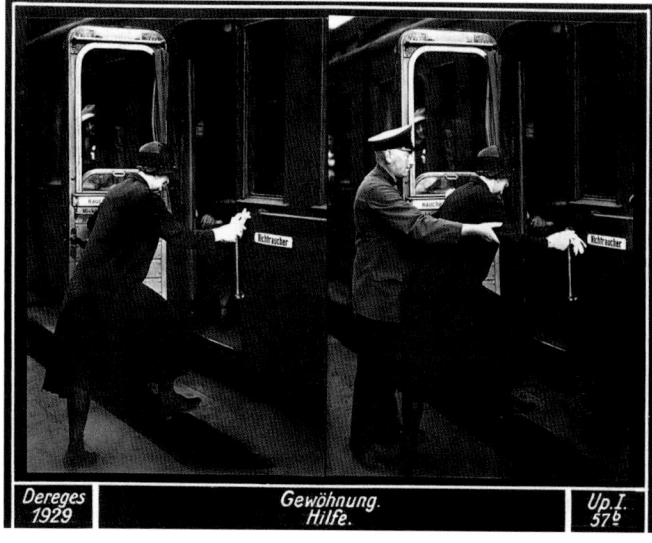

»erzogen« werden, Unfälle zu vermeiden und sich gut zu benehmen. Die 1929 im Auftrag der Deutschen Reichsbahn Gesellschaft angefertigten Fotoplakate entstanden anlässlich der 1929 durchgeführten »Reichs-Unfall-Verhütungswoche«. Sie hatten allerdings ein weit größeres Themenspektrum als das der reinen Unfallverhütung. Die Schautafeln wurden bei Fortbildungsvorträgen eingesetzt.

Auf die Ausbildung ihres Nachwuchses legten die Staatseisenbahnen immer großen Wert. Eigene Fachakademien, Berufsfachschulen und vor allem die Lehrlingsausbildung sorgten für einen qualifizierten Nachwuchs. Die Zusammenarbeit von Reichsbahnern aus der DDR und Bundesbahnern nach der Wiedervereinigung zeigte, dass man sich sehr schnell über die Grundbegriffe des Eisenbahnbetriebs verständigen konnte. Nach der Gründung der Deutschen Bahn AG begann für beide Gruppierungen ein Umlernprozess. Die Ausbildung hatte aber weiter einen großen Stellenwert.

Lehrlingsausbildung nach dem Zweiten Weltkrieg in Ost- und Westdeutschland, fotografiert für die Mitarbeiterzeitungen.

Heute ist die Deutsche Bahn AG einer der größten Ausbilder in Deutschland. Bewerber haben die Wahl zwischen mehr als 25 Ausbildungsberufen.

Auszubildende bei der Deutschen Bahn AG im 21. Jahrhundert, fotografiert für Imagebroschüren.

**Zeit**

# Zeit

Fünf Jahre vor der ersten Dampflokomotivfahrt in Deutschland ist die Eisenbahn für den Dichter und Naturforscher Adelbert von Chamisso (1781–1838) das Sinnbild einer neuen und immer mächtiger werdenden Erfahrung, der Beschleunigung.

»Mein Dampfroß, Muster der Schnelligkeit,
Läßt hinter sich die laufende Zeit,
Und nimmt's zur Stunde nach Westen den Lauf,
Kommt's gestern von Osten schon wieder herauf.«

Schon seit dem 17. Jahrhundert registrierten aufmerksame Geister eine Beschleunigung des Lebens. Dieses von dem Historiker Reinhart Koselleck als »vormaschinelle Geschwindigkeitssteigerung« bezeichnete Phänomen blieb jedoch innerhalb seiner naturgegebenen Grenzen. Die meisten Menschen verbrachten ihr Leben in einem überschaubaren ländlichen Raum. Die zeitliche Orientierung im Lebensalltag erfolgte anhand der Tages- und Jahreszeiten. Zur Fortbewegung gab es nur wenige Verkehrsmittel, überwiegend ging man zu Fuß. Drei bis sechs Kilometer pro Stunde konnten so zurückgelegt werden. Selbst die schnellsten Postkutschen erreichten auf den besten Chausseen in der ersten Hälfte des 19. Jahrhunderts kaum mehr als eine Durchschnittsgeschwindigkeit von 13 km/h. Kein Segelschiff vermochte den Wind zu überholen.

Die Überwindung dieser natürlichen Schranken war erst mit der technischen Erfindung der Lokomotive möglich. Frühzeitig wurde die Eisenbahn deshalb zur Metapher eines Zeitalters, in dem sich der Rhythmus des Lebens revolutionär wandelte und insbesondere die Dimension von Zeit und Raum eine Neubestimmung erfuhr.

Um die Strecke beziehungsweise den Raum zwischen zwei Orten zu benennen, dienten bis in das 19. Jahrhundert hinein Zeiteinheiten als Maßstab. So betrug die Entfernung zwischen Nürnberg und Fürth rund eineinhalb Stunden, was einer Marschgeschwindigkeit von vier Kilometern in der Stunde entspricht. Nach der Eröffnung der Eisenbahn zwischen den beiden Städten 1835 warb die Ludwigsbahn-Gesellschaft damit, dass ihre Passagiere nun eineinhalb Stunden in zehn Minuten zurücklegen konnten. Die räumliche Trennung verschwinde, erläuterte der Brockhaus 1838 diese moderne Beschleunigungserfahrung, weil eine Annäherung in der Zeit stattfinde. Und weiter hieß es, die Eisenbahnen reduzierten Europa ungefähr auf den Flächenraum Deutschlands.

Endgültig vollzogen war die Verselbstständigung der Zeit und ihrer Wahrnehmung gegenüber ihren natürlichen Maßstäben – dem geographischen Raum und dem Sonnenstand – 1884 mit der Einführung der bis heute gültigen Weltzeit. Zuvor war es in der Schifffahrt bereits zu einer gewissen internationalen Vereinheitlichung gekommen. Das im heutigen Londoner Stadtteil Greenwich gelegene Observatorium diente als geographischer Ausgangspunkt für die Koordinatennetze der Seekarten und damit für die Navigation. Doch erst der Ausbau der Eisenbahnnetze und das Drängen der Eisenbahngesellschaften nach einer einheitlichen Zeitmessung halfen maßgeblich bei der Etablierung einer weltweit gültigen Zeitordnung. Die »standard time«, die auf der Einteilung des Globus in 24, jeweils 15 Längengrade umfassende Zeitzonen mit dem durch Greenwich verlaufenden Meridian als Nullpunkt beruht, löste nach und nach die unüberschaubare Vielzahl von nationalen Zeitzonen und sonnenstandsbezogenen Ortszeiten ab.

Sowohl für die Erstellung als auch Lesbarkeit der Fahrpläne hatten die unterschiedlichen Zeiten ein großes Hindernis bedeutet. Die Koordination und Nachvollziehbarkeit der Ankunfts- und Abfahrtszeiten geriet für Züge, die mehrere Zeitzonen und diverse Orte auf ihren Routen durchquerten, zur intellektuellen Herausforderung. Zunächst behalfen sich die Eisenbahngesellschaften mit der Einführung eigener Eisenbahnzeiten für ihre Netze, in den USA zählte man beispielsweise im Jahr 1870 über 75 »railroad times«. Sie traten in Konkurrenz zu den Ortszeiten und den Zeitzonen in den jeweiligen Staaten. Erst die Einheitszeit vermochte dieses Verwirrspiel zu beenden. Nach und nach schlossen sich immer mehr Staaten dem Beschluss der Meridiankonferenz in Washington an, auf der sich 1884 Vertreter aus 25 Ländern auf die Einführung der Weltzeit geeinigt hatten. Durch die Anerkennung der Mitteleuropäischen Zeit (MEZ) als amtliche Normalzeit, die Zeitzone verläuft entlang des 15. Längengrades und weicht um eine Stunde von der Greenwich-Zeit ab, schloss sich das Deutsche Reich 1893 diesem Fortschritt an.

Heute dreht die Deutsche Bahn wie jeder Reisende auch zweimal im Jahr an der Uhr. Dann werden rund 120.000 Uhren in Bahnhöfen und anderen Betriebseinrichtungen auf Sommer- bzw. Winterzeit umgestellt. Den Takt hierbei gibt das Funksignal der Physikalisch-Technischen Bundesanstalt in Braunschweig vor. Diesen nehmen selbstständig arbeitende Funkuhren und rund 2.500 »Mutteruhren« auf. Eine Stunde dauert es, bis alle Uhren wieder gleich ticken.

Gültig bis »auf Weiteres« war der Fahrplan der Großherzoglichen Badischen Eisenbahnen ab Mannheim 1860.

Wie weit kann man sich mit der Eisenbahn an einem Tag von Nürnberg entfernen? 1845 erreichte man Würzburg und heute könnte man spät abends an der französischen Atlantikküste baden.

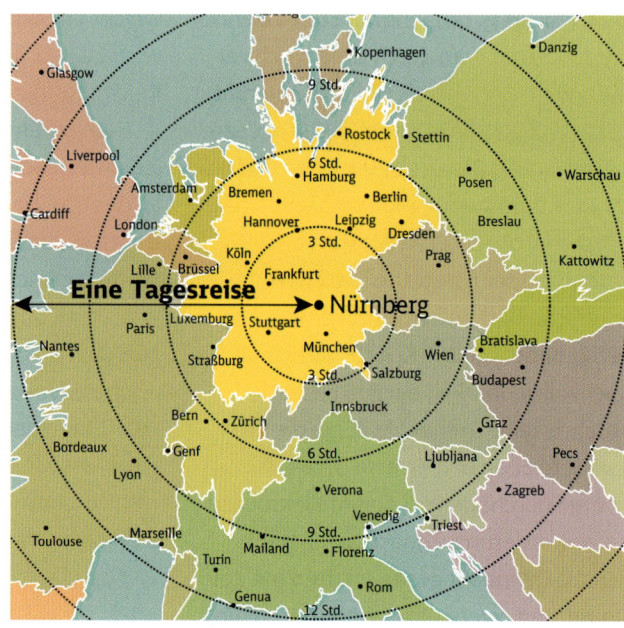

Die »Extrafahrt« zur Gewerbeausstellung in Berlin von 1879 wurde eigens beworben, wobei für Mensch und Maschine exakt »37 Minuten Mittagspause« vorgesehen waren.

**Nach den Fahrdienstvorschriften** hatten die Aufsichtsbeamten darüber zu wachen, dass die Stationsuhren richtig gingen, »unrichtig gehende Uhren aber, soweit möglich, verdeckt werden«, so ein Eisenbahnlexikon von 1923. Das Bild zeigt die Uhrentürme des Magdeburger Bahnhofs links und des Dresdner Bahnhofs rechts in Leipzig um 1900.

**Im Betriebsalltag** der Eisenbahner waren Uhren ein ständiger Begleiter. Auch im Ablaufstellwerk des Rangierbahnhofs Chemnitz, das um 1930 fotografiert wurde, wachte eine Uhr über die Arbeit der Eisenbahner.

**Die »Hauptuhr«**, hier in einer Aufnahme von 1958, steuerte in der so genannten Uhrenzentrale in Berlin alle »Nebenuhren« auf den Bahnhöfen und in den Gebäuden der Deutschen Reichsbahn. Die Hauptuhr war eine Einrichtung, »die mittels mechanischen Antriebs in der Lage ist, innerhalb festgesetzter Zeitintervalle entsprechend der Uhrzeit elektrische Impulse zum Zwecke des Steuerns von Nebenuhren bzw. Uhrenschleifen an eine drahtgebundene Leitung abzugeben«, so zu lesen in einem Arbeitsblatt der Lehrmittelstelle des Ministeriums für Verkehr der DDR.

Helmuth Karl Bernhard Graf von Moltke (1800–1891) erkannte schon früh die Bedeutung der Eisenbahn für das Militär. Als Alterspräsident des Reichstags und Angehöriger der Konservativen Partei warb er noch kurz vor seinem Tod während der Reichstagssitzung vom 16. März 1891 für die Einführung der Einheitszeit in Deutschland. Die Mitglieder der Reichstagsfraktion seiner Partei – hier 1889 – schlossen sich dem Votum an.

# Auszüge aus der Rede Moltkes

*im Reichstag zur Einführung der Einheitszeit, gehalten am 16. März 1891.*

Gestatten Sie mir wenige Worte über das bereits in einer früheren Sitzung behandelte Thema der Eisenbahneinheitszeit. Ich werde Sie nicht lange aufhalten, um so mehr, da ich ganz heiser bin, weshalb ich um Entschuldigung bitte.

Daß für den inneren Betrieb der Eisenbahnen eine Einheitszeit ganz unentbehrlich ist, ist allgemein anerkannt und wird nicht bestritten. Aber, meine Herren, wir haben in Deutschland fünf verschiedene Einheitszeiten. Wir rechnen in Norddeutschland, einschließlich Sachsen, mit Berliner Zeit, in Bayern mit Münchener, in Württemberg mit Stuttgarter, in Baden mit Karlsruher und in der Rheinpfalz mit Ludwigshafener Zeit. Wir haben also in Deutschland fünf Zonen; und alle die Unzuträglichkeiten und Nachtheile, denen wir befürchten an der französischen und russischen Grenze zu begegnen, die haben wir heute im eigenen Vaterlande. Das ist, ich möchte sagen, eine Ruine, die stehen geblieben ist aus der Zeit der deutschen Zersplitterung, die aber, nachdem wir ein Reich geworden sind, billig wegzuschaffen wäre.

Meine Herren, es ist von geringer Bedeutung, daß der Eisenbahnreisende bei jeder neuen Station eine neue Zeitangabe findet, die mit seiner Uhr nicht übereinstimmt. Aber von großer Wichtigkeit ist, daß alle diese verschiedenen Eisenbahnzeiten, zu welchen nun noch sämmtliche O r t s z e i t e n hinzukommen, eine wesentliche Erschwerung für den Betrieb der Eisenbahnen sind, ganz besonders bei den Leistungen, welche für militärische Zwecke von den Eisenbahnen gefordert werden müssen.

[...]

Nun hat man Bedenken getragen, daß die Uebertragung dieser gemeinsamen Zeit in das bürgerliche Leben Störungen verursachen würde. Es ist besonders hervorgehoben worden, welche Unzukömmlichkeiten es für die Fabriken und die Industrie haben würde.

[...]

Was dann die ländliche Bevölkerung betrifft – ja, meine Herren, der ländliche Arbeiter sieht nicht viel nach der Uhr, er hat zum großen Theil keine; er sieht sich um, ob es schon hell ist, dann weiß er, daß er bald von der Hofglocke zur Arbeit gerufen wird. Wenn die Hofuhr verkehrt geht, was in der Regel der Fall ist, wenn sie eine Viertelstunde zu früh geht, dann kommt er allerdings eine Viertelstunde zu früh zur Arbeit; allein er wird auch nach derselben Uhr eine Viertelstunde früher entlassen: die Arbeitsdauer bleibt dieselbe.

Meine Herren, im praktischen Leben wird sehr selten eine Pünktlichkeit, die mit Minuten rechnet, gefordert. Es ist an vielen Orten üblich, daß die Schuluhr 10 Minuten zurückgestellt wird, damit die Kinder da sind, wenn der Lehrer kommt. Selbst die Gerichtsuhr wird vielfach zurückgestellt, damit die Parteien sich versammeln, bevor das Verfahren beginnt. Umgekehrt, in den Dörfern, welche nahe an der Eisenbahn liegen, stellt man in der Regel die Uhr einige Minuten vor, damit die Leute den Zug nicht verpassen. Ja, meine Herren, selbst dies hohe Haus statuirt doch eine akademische Viertelstunde, die auch zuweilen noch etwas länger wird.

[...]

Meine Herren, gerade der Umstand, daß diese doch nicht unerhebliche Differenz zwischen Sonnen- und mittlerer Zeit dem großen Publikum gar nicht bekannt ist, von ihm nie empfunden wird, scheint mir doch zu beweisen, daß die Besorgnisse, welche man wegen Abschaffung der Ortszeiten hegte, nicht begründet sind.

Meine Herren, wir können ja hier nicht durch Abstimmung oder Majoritätsbeschluß eine Einrichtung feststellen, die nur auf dem Wege der Verhandlungen im Bundesrath, vielleicht später durch internationale Verhandlungen in die Wege zu leiten ist. Aber ich glaube, daß es diese Verhandlungen erleichtern wird, wenn der Reichstag sich sympathisch für ein Prinzip ausspricht, welches in Amerika, in England, in Schweden, in Dänemark, in der Schweiz und in Süddeutschland bereits ohne wesentliche Störungen zur Geltung gekommen ist.

**Orte der Zeitplanung:** Abfahrtstafeln. Hier orientieren sich Reisende in den 1950er Jahren und 1988 im Bahnhof Zoologischer Garten in Berlin.

**Im Zeichen** des europäischen Hochgeschwindigkeitsverkehrs: Auf der Abfahrtstafel im Bahnhof Karlsruhe wurde 2007 der erste TGV, der von Paris nach Stuttgart fuhr, begrüßt.

Eine sehr persönliche Zeiterfahrung: Warten. Gemeinsam wie hier im Wartesaal der 3. Klasse im Bahnhof Koblenz 1934. Oder alleine mit der »BZ am Abend«, wie dieser Herr 1966 am Ostkreuz in Berlin.

Eine ebenfalls persönliche Zeiterfahrung, die 2002 als Werbung für das Verkehrsmittel Eisenbahn plakatiert wurde.

Bereits in den 1930er Jahren konnten sich die Reisenden noch kurz vor Abfahrt des Zuges neue Reiselektüre besorgen.

Von 1957 bis 1990 hieß das Kundenmagazin der Deutschen Bundesbahn »Schöne Welt«. Das Taschenbuch war in den 1950er Jahren genauso wie heute ein guter Begleiter für die Zugfahrt.

**Auch im Zeitalter digitaler Medien** ist Lesen eine der beliebtesten Beschäftigungen während der Zugfahrt.

**Seit Jahren** kooperieren die Deutsche Bahn AG und die Stiftung Lesen, um möglichst vielen Kindern die Freude am Lesen zu ermöglichen – wie hier in der Panorama-S-Bahn in Berlin

In den 1970er Jahren wurde mit den Intercityverbindungen ein neues Zeitgefühl vermittelt. Heute ist das Zeitmanagement über das Mobiltelefon möglich. Das Kursbuch ist abgeschafft, dafür ist der Fahrplan leicht und mobil.

# Gewalt

# Gewalt

Im Jahr 1833 veröffentlichte der Industriepionier Friedrich Harkort seine Schrift »Die Eisenbahn von Minden nach Köln«. Damit wollte er die preußische Regierung für das Projekt einer Eisenbahn zwischen Weser und Rhein gewinnen. Eines seiner Argumente war, dass die Bahn dem Militär große Dienste leisten könne. So sei es möglich, dass »150 Wagen eine ganze Brigade in einem Tage von Minden nach Köln schafften, wo die Leute wohlausgeruht mit Munition und Gepäck einträfen«. Dies schrieb er zwei Jahre bevor überhaupt eine Eisenbahn in Deutschland fuhr. Zwar konnte Harkort die preußische Regierung noch nicht überzeugen, doch als die ersten Linien gebaut waren, kamen die Militärs sehr schnell darauf, die Eisenbahn vor allem zum raschen Transport von Truppen, Munition und Verpflegung zu nutzen. Schon in der Revolution 1848/49 wurde die Eisenbahn zu Militärtransporten verwendet und spielte bei der Niederschlagung der Aufstände in Südwestdeutschland eine entscheidende Rolle: Ohne die Bahn hätten die preußischen Truppen wohl nicht so wirkungsvoll gegen die Aufständischen in Baden und der Pfalz eingesetzt werden können.

Ein gutes Jahrzehnt später, im Krieg zwischen den Nord- und Südstaaten der USA, wurde die Eisenbahn zum ersten Mal kriegsentscheidend. Denn der Norden war dem Süden im Eisenbahnwesen eindeutig überlegen: Mit 35.000 Kilometern Länge besaß jener ein mehr als doppelt so großes Schienennetz wie die Südstaaten. Erstmals in einem Krieg stellten die Nordstaaten nun eigene Eisenbahntruppen auf. General McClellan, dem der Bahnbetrieb unterstellt war, bildete hierzu ein eigenes, bis zu 25.000 Mann starkes Korps für die Instandsetzung und Neuanlage von Strecken und Brücken sowie die Organisation des Nachschubs. Er war so erfolgreich, dass ihm der Ruf vorausging, seine Einheiten hätten selbst einen mobilen Tunnel dabei. Nach seinem Vorbild schufen wenig später auch die europäischen Staaten eigene Eisenbahntruppen. Ob bei den deutschen Einigungskriegen zwischen 1864 und 1871 oder den Auseinandersetzungen auf dem Balkan – die Bahn war hier zum logistischen Rückgrat der Heere geworden, die nun immer größer wurden.

Ihren Höhepunkt erreichte die militärische Bedeutung der Eisenbahn im Ersten Weltkrieg. Die riesigen Armeen der Kriegsparteien wurden zum größten Teil mit der Eisenbahn transportiert: Die »Mittelmächte« Deutschland und Österreich-Ungarn schickten 1914 knapp vier Millionen Soldaten gegen fast sechs Millionen Mann der »Entente« (Frankreich, Russland, England, Serbien) an die Front. Allein im August 1914 beförderten die Bahnen der deutschen Länder über drei Millionen Mann und fast 900.000 Pferde mit über 11.000 Zügen. Doch der strategische Vorteil, den vor allem Preußen in den Kriegen des 19. Jahrhunderts durch seine Eisenbahnen besessen hatte, war dahin, da inzwischen auch die Ententemächte dieses Transportmittel entsprechend militärisch nutzten. Letztlich war das Massensterben der Soldaten im Stellungskrieg auf dem westlichen Kriegsschauplatz auch durch die Eisenbahn und ihre großen Transportkapazitäten bedingt.

Der Zweite Weltkrieg bedeutete für die Eisenbahner in Deutschland einen absoluten moralischen Tiefpunkt: Weder der millionenfache Mord an den europäischen Juden, Sinti und Roma noch der Vernichtungskrieg gegen die Sowjetunion hätten ohne die Reichsbahn und die willige Mitarbeit vor allem der Reichsbahnführung in dem geschehenen Ausmaß stattfinden können.

Die technisch weiterentwickelte Luftwaffe machte das Bahnnetz jedoch erstmals auch im Hinterland verwundbar. Vor allem durch die Bombardierung der Rangierbahnhöfe gelang es den Alliierten in der Endphase des Krieges, den deutschen Nachschub wirkungsvoll zu unterbinden.

In den modernen Konflikten, die mit kleinen, extrem beweglichen Kampfeinheiten geführt werden, hat die Eisenbahn dagegen kaum noch eine Bedeutung. Nur noch zwei Länder, Russland und Italien, unterhalten eigene Eisenbahntruppen. Doch über diesen Bedeutungsverlust der Bahn ist wohl kein Eisenbahner der Welt besonders traurig.

Die Fotografie hält einen Einsatz der »U.S. Military Railroads«, der ersten Eisenbahntruppen der Geschichte, fest. Der deutschstämmige General Hermann Haupt, Leiter Bau und Transport der »U.S. Military Railroads«, steht auf dem Damm und überwacht die Arbeiten an der Devereux Station in Virginia, dem südlichsten Land, das Truppen für die U.S. Armee im Bürgerkrieg gegen die Südstaaten stellte.

Zerstörter Lokschuppen in Atlanta, Georgia, in dem die Lokomotiven »Telegraph« und »O. A. Bull« zu sehen sind. Atlanta war der zentrale Knotenpunkt des Südstaaten-Eisenbahnnetzes. Nach mehrmonatiger Belagerung gelang es den Nordstaaten-Truppen unter General William T. Sherman, die letzte Bahnverbindung in die Stadt zu unterbrechen. Daraufhin kapitulierte die Stadt am 2. September 1864 und wurde im November total zerstört. Die Eroberung von Atlanta war für die Unionstruppen ein Meilenstein auf dem Weg zum Sieg der Nordstaaten, literarisch und filmisch im Bürgerkriegs-Epos »Vom Winde verweht« festgehalten.

Befestigte Eisenbahnbrücke über den Cumberland River nahe Nashville, Tennessee. Im November des Jahres 1864 unternahmen die Truppen der »Konföderierten« (Südstaaten) einen letzten Versuch, die Nordstaaten-Armee aus Tennessee zu vertreiben, scheiterten aber und wurden vernichtend geschlagen.

Der Kampf gegen die Sklaverei war vordergründig der Anlass für den amerikanischen Bürgerkrieg. Dahinter verbarg sich eine fundamentale soziale und ökonomische Auseinandersetzung zwischen dem industriell-kapitalistisch geprägten Norden und dem agrarisch-feudalistisch geprägten Süden. Dennoch sahen die meisten schwarzen Amerikaner in den Nordstaaten ihre Befreier; daher kämpften viele ehemalige Sklaven bei den Unionstruppen. Im Bild ist ein afro-amerikanischer Feldkoch bei der Arbeit in City Point (Virginia) zu sehen.

Bilder von jubelnden Soldaten auf dem Weg zur Front prägen die heute weit verbreitete Meinung, zu Beginn des Ersten Weltkriegs habe eine von »Hurra-Patriotismus« und Nationalismus genährte allgemeine Kriegsbegeisterung geherrscht. Doch die meisten der Fotos, wie auch das hier abgebildete, sind gestellt und zu Propagandazwecken verbreitet worden. Ohnehin hielt sich die Kriegsbegeisterung in weiten Teilen der Bevölkerung, vor allem der Arbeiterschaft, in Grenzen.

Abfahrt eines Truppentransportzugs der Königlich Bayerischen Staatsbahn an die Westfront. Gemäß des deutschen Angriffsplans nach General Alfred v. Schlieffen sollten zunächst sieben Achtel der beinahe 2,5 Millionen Mann zählenden deutschen Truppen im Westen in Stellung gebracht werden und unter Verletzung der belgischen Neutralität in einer weiten Umfassungsbewegung die französische Armee schlagen, um anschließend quer durch Deutschland an die Ostfront transportiert zu werden und gegen das russische Heer zu kämpfen. Dieser gigantische Aufmarschplan beanspruchte die deutschen Länderbahnen bis zum Äußersten.

Panzerzug während der Novemberrevolution 1918 in Berlin. Gepanzerte, mit Geschützen ausgerüstete Eisenbahnfahrzeuge wurden erstmals im US-Bürgerkrieg eingesetzt. Sie gehören neben Eisenbahngeschützen zu den wenigen Beispielen, in denen die Eisenbahn direkt als Waffe verwendet worden ist. Im Ersten Weltkrieg kamen sie als Festungen auf Schienen zum Fronteinsatz, erwiesen sich aber als Offensivwaffe als völlig ungeeignet. In späteren Kriegen des 20. Jahrhunderts wurden sie vorwiegend zur Sicherung von Versorgungszügen gegen Überfälle etwa durch Partisanen oder Rebellen eingesetzt.

Die Zeichnungen von A. Paul Weber (1893–1980) wurden im »Ehrenbuch der Feldeisenbahner« 1930 veröffentlicht. Der bekannte Lithograph und Karikaturist musste als Pioniereisenbahner im Ersten Weltkrieg an die Front. Unmittelbar hinter der Frontlinie sorgte ein dichtes Geflecht von schmalspurigen Feldbahnen für den Transport von Baumaterial, Munition und Verpflegung. Oft wurden die Wagen von menschlicher oder tierischer Muskelkraft bewegt; zudem wurden, wie hier zu sehen, erstmals in größerer Zahl Lokomotiven mit Verbrennungsmotor eingesetzt, da diese keinen verräterischen Rauch oder Dampf ausstießen. Weber hielt auch die erstmals von der britischen Armee 1916 eingesetzte, neu entwickelte Panzerwaffe fest.

Vor 30.000 Zuschauern meldete Generaldirektor Dorpmüller dem »Führer« beim 100jährigen Bahnjubiläum die Bereitschaft für eine Fahrzeugparade.

Ein Zug mit Wehrmachtsangehörigen macht sich für den Marsch zum Reichsparteitag 1935 bereit.

Nach dem Überfall auf Polen und der Vertreibung und Verschleppung vieler polnischer Bürger begannen die deutschen Besatzer mit der Umsiedlung sogenannter Volksdeutscher, hier an der deutsch-sowjetischen Demarkationslinie in Przemyśl im Januar 1940.

Nachdem die Wehrmacht in die Sowjetunion einmarschiert war, mussten immer mehr Verwundete versorgt und in die Lazarette gebracht werden.

Die Gewaltherrschaft der Nationalsozialisten in Deutschland war auch von der willfährigen Bereitschaft der Bevölkerung an Massenveranstaltungen teilzunehmen getragen. Als Massentransportmittel spielte die Eisenbahn dabei eine wichtige Rolle. Der Aufmarsch der Massen bei Reichsparteitagen zeigte eine »Volksgemeinschaft«, die den Rechten von Minderheiten Gewalt antat. 1935 wurden auf dem Reichsparteitag in Nürnberg die »Rassengesetze« verkündet, ein irrwitziges Regelwerk, das Menschen in unterschiedlichste Kategorien einteilte und Juden die Bürgerrechte nahm. Die Eisenbahn in Deutschland stellte sich in den Dienst der nationalsozialistischen Diktatur, des Krieges, der Vertreibung und Umsiedlung und schließlich auch des Völkermordes an den europäischen Juden, Sinti und Roma.

Im Oktober 1941 begann die systematische Verschleppung der deutschen Juden mit der Reichsbahn. Dieser Deportationstransport aus Westfalen fuhr über Bielefeld nach Riga.

Im Sommer 1943 lebten kaum noch Juden in Deutschland. Viele deutsche Juden, wie hier aus dem Raum Wiesbaden, wurden nach Theresienstadt deportiert, um dann zu Mordfabriken wie Auschwitz-Birkenau gebracht zu werden.

Ukrainische Zwangsarbeiterinnen beim Abtransport vom Hauptbahnhof Kiew nach Deutschland. Während des Zweiten Weltkriegs mussten Millionen von Menschen aus den von Deutschland besetzten Gebieten zwangsweise für die Eroberer arbeiten. Zudem wurden zwischen sieben und elf Millionen Menschen vor allem aus Osteuropa nach Deutschland gebracht, um dort in der Rüstungsindustrie, bei Kommunen, bei der Bahn oder in der Landwirtschaft zu arbeiten. Der Transport fand fast ausschließlich mit der Bahn statt.

Transport von sowjetischen Kriegsgefangenen in offenen Güterwagen im August 1941. Viele Tausende wurden per Bahn zu dem Kriegsgefangenenlager Zeithain in der Nähe von Riesa verfrachtet.

Die Ausstellungseinheit »Die Reichsbahn. Nach Fahrplan in den Tod« wurde in Kooperation mit der Deutschen Bahn AG entwickelt.

Die Installation »Das Gleis« mit ihren Lichtschienen, die in den auf eine Wand projizierten Torbau des ehemaligen Vernichtungslagers Auschwitz-Birkenau münden, bildete den Mittelpunkt der Ausstellung.

In der Ausstellungseinheit »Deportation – Als Mensch verbucht, wie Vieh verladen« waren überlieferte Fotos und Zeitzeugenaussagen über die Deportationstransporte zu sehen.

Das Dokumentationszentrum Reichsparteitagsgelände in Nürnberg entwickelte im 175sten Jubiläumsjahr der ersten Eisenbahnfahrt in Deutschland die Ausstellung »Das Gleis. Logistik des Rassenwahns«. Dabei wurde nach neuen Formen der Darstellung von historischen Dokumenten und Zusammenhängen sowie der Erinnerung an den Holocaust gesucht. Die mediale Verkoppelung des Dokumentationszentrums mit fünf ehemaligen deutschen Konzentrations- und Vernichtungslagern in Polen für die Dauer der Ausstellung verdeutlichte den Wandel vom »(Eisenbahn-)Netzwerk des Todes« zu einem Netzwerk der Erinnerung. Dabei konnten die Besucher auch erleben, welche Rolle die historischen Ereignisse im jeweiligen »nationalen Gedächtnis« spielen.

Mit dem 1998 eingeweihten Mahnmal Gleis 17 am Bahnhof Grunewald in Berlin erinnert die Deutsche Bahn AG an die Verschleppung und Ermordung der Juden während des Zweiten Weltkriegs. Es markiert den historischen Ort der ersten Deportationstransporte aus Deutschland und zeigt den Fahrplan der Todestransporte sowie ihre Bestimmungsorte und nennt die Zahl der aus Berlin deportierten Juden.

Mit Hilfe der Deutschen Reichsbahn wurden etwa drei Millionen Menschen aus Deutschland und dem besetzten Europa zu den nationalsozialistischen Vernichtungsstätten transportiert. An den industriell organisierten Völkermord erinnert das Mahnmal. Hier finden offizielle Gedenkveranstaltungen statt, Familienangehörige und Freunde der aus Berlin deportierten Juden besuchen das Mahnmal ebenso wie Passanten oder Touristen.

Wenn in Deutschland von Luftangriffen gegen die Zivilbevölkerung die Rede ist, wird oft vergessen, dass den alliierten Bombardements von Städten wie Hamburg, Köln oder Dresden deutsche Angriffe auf englische Städte vorangingen. Immerhin 60.000 Menschen starben durch die Attacken deutscher Bombenflugzeuge und Raketen. Allein London hatte 20.000 Todesopfer und Tausende von zerstörten Gebäuden zu beklagen. Auch andere Städte, vor allem Industriezentren wie Coventry, Birmingham und Manchester, erlitten schwere Zerstörungen. Bahnhöfe wie St. Pancras Station in London waren dabei als Knotenpunkte der Infrastruktur bevorzugte Ziele.

Der von Bombenangriffen zerstörte Anhalter Bahnhof in Berlin stand 1946 noch als Ruine. Die ehemaligen großen Kopfbahnhöfe spielten nach dem Zweiten Weltkrieg keine Rolle mehr, ihre Restmauern wurden gesprengt und abgeräumt.

# Tempo

# Tempo

Bis zum Ersten Weltkrieg war Bahnfahren die schnellste Art sich fortzubewegen, die der Mensch je erlebt hatte. Dabei wirken die Geschwindigkeiten von damals heute ausgesprochen gemütlich: Die ersten Lokomotiven fuhren 30 bis 40 km/h, ein Tempo, das sich nur allmählich steigern ließ. Einen großen Schritt nach vorne bedeutete die Einführung der von der Lokomotive aus gesteuerten Druckluftbremsen, die ab 1870 in Personenzüge eingebaut wurden; nun konnten die Bahngesellschaften die Geschwindigkeiten vorsichtig steigern, ohne schwere Unfälle zu riskieren. Aber auch jetzt fuhren die neuen Schnellzüge kaum schneller als 80 oder 90 Kilometer pro Stunde.

Doch in den nächsten Jahrzehnten steigerte sich die ganze Welt allmählich in einen Geschwindigkeitsrausch hinein. Der Historiker Peter Borscheid beschreibt dieses Phänomen als »Tempo-Virus«: In der nun einsetzenden Hochindustrialisierung wurde Zeit immer kostbarer. Wenn Menschen, Güter und Informationen rascher als zuvor an ihre Ziele gelangten, konnte sich dies materiell äußerst gewinnbringend auswirken. Nicht zufällig wurden moderne Kommunikationstechnologien wie Telegrafie und Telefon entscheidend verbessert und Verkehrsmittel wie Auto, Luftschiff und Flugzeug entwickelt.

Auch die Eisenbahn experimentierte mit schnellen Fahrzeugen und konnte sich noch einmal an die Spitze der Temporekorde setzen: Im Jahr 1903 erreichten elektrische Versuchs-Triebwagen bei Berlin Geschwindigkeiten von über 200 km/h. Noch blieben diese Fahrzeuge Prototypen; die verwendete Technik war nicht alltagstauglich.

Nach dem Ersten Weltkrieg bekam die Eisenbahn erstmals ernsthafte Konkurrenz: Der Straßenverkehr und die ersten Fluglinien jagten der Eisenbahn zahlungskräftige Kunden ab. Die neu gegründete Reichsbahn hielt dagegen mit einem Gefährt, das auch heutige Betrachter noch in Erstaunen versetzt: Sie testete den »Schienenzeppelin«, einen Triebwagen mit Propeller, der 1931 zwischen Hamburg und Berlin Tempo 230 erreichte. Doch dieses Fahrzeug war seiner Zeit wohl zu weit voraus; jedenfalls entschied sich die Reichsbahn für eine konventionellere Entwicklung, einen Dieseltriebwagen, der immerhin auch für 160 km/h Höchstgeschwindigkeit ausgelegt war und unter dem Namen »Fliegender Hamburger« bekannt wurde. Nach seinem Vorbild wurden in den 1930er Jahren mehrere »Fliegende Züge« für den Fernverkehr gebaut.

Wenige Jahre nach dem Zweiten Weltkrieg ging die Jagd nach Superlativen weiter. 1955 erreichten zwei französische Elektrolokomotiven das Rekordtempo von 331 km/h. In Japan wurde 1964 die Neubaustrecke »Shinkansen« eröffnet, auf der Züge eine Geschwindigkeit von 210 km/h erreichten. Doch trotz höherer Geschwindigkeit verlor die Bahn große Marktanteile an die Konkurrenz. In den westlichen Ländern unterstützte die Politik den Trend zur Massenmotorisierung, indem überall neue Autobahnen und Schnellstraßen, aber fast nirgends neue Bahnstrecken gebaut wurden.

Als die Ölkrise von 1973 und wachsende Umweltprobleme ein Umdenken einleiteten, wandte sich die Politik wieder der Eisenbahn zu. Vor allem für Entfernungen unter 500 Kilometern sollte eine Alternative zum Flugverkehr gefunden werden. Als erster europäischer Staat eröffnete Frankreich 1981 eine Hochgeschwindigkeitsstrecke zwischen Paris und Lyon. Der dort fahrende »Train à Grande Vitesse« (TGV) erreichte ein Spitzentempo von 270 km/h.

Auch in Deutschland wurden nun Hochgeschwindigkeitsstrecken konzipiert. 1991 nahm die Deutsche Bundesbahn den ICE-Verkehr auf der Neubaustrecke Hannover-Würzburg auf. Seitdem fahren auch in anderen Ländern wie Spanien, Italien, Russland, Korea und China schnelle Züge, die, wie die neueste Generation des ICE in Deutschland, auch im Regelverkehr bis zu 300 km/h schnell sind. Dass hier noch mehr möglich ist, zeigte zuletzt die französische Staatsbahn, die 2007 mit einem hochgerüsteten TGV die schier unglaubliche Bestmarke von 574 km/h erreichte. Ein endgültiges Limit ist noch nicht in Sicht, denn der Tempo-Virus ist weiterhin aktiv.

In der 1899 gegründeten »Studiengesellschaft für elektrische Schnellbahnen« fanden Kapital, technisches Wissen und Experimentierfreude zusammen. Auf einem Teilstück der preußischen Militäreisenbahn zwischen Berlin und Jüterbog erfolgten die ersten Versuchsfahrten mit maximaler Beschleunigung. Die »elektrischen Triebwagen« brachen bereits 1903 jeden bisherigen Geschwindigkeitsrekord auf Schienen. Die über 200 km/h schnellen Drehstrom-Schnelltriebwagen von AEG und Siemens waren vor dem Ersten Weltkrieg die schnellsten Fahrzeuge aller Zeiten. Der Streckenoberbau musste immer wieder verstärkt werden, um die rasenden Fahrten vorbei an preußischen Offizieren zu ermöglichen.

Die Erfolge mit der neuen Antriebstechnik ließen auch die Konstrukteure der Dampfmaschinen nicht ruhen. Rechtzeitig zur bayerischen Landesausstellung von 1906 konnte die Lokomotivfabrik J. A. Maffei mit einer neuen Dampflokomotive aufwarten. Die bayerische Schnellzuglokomotive S 2/6 war 1907 mit 154,4 km/h die schnellste Dampflok der Welt. Sie steht als Original im DB Museum.

Die Experimentierfreude war in den ersten drei Jahrzehnten des 20. Jahrhunderts ungebrochen. 1928 testete Opel bei Burgwedel einen Raketenwagen auf Schienen. Mit 254 km/h stellte er einen neuen Rekord für Schienenfahrzeuge auf.

Schneller als die Elektrotriebwagen war der »Schienenzeppelin«. 1931 erreichte der Propellertriebwagen 230 km/h und war damit das schnellste Eisenbahnfahrzeug der Welt. Der Herr mit Fernglas ist Franz Kruckenberg, der Erfinder und Konstrukteur des Triebwagens. Zu Serienreife brachte es das Gefährt allerdings nicht.

Der erste Schnelltriebwagen der Reichsbahn bei einer Pressefahrt am 29.12.1932 zwischen Hamburg und Berlin im Hamburger Hauptbahnhof.

Vor seiner Emigration arbeitete der Soziologe Siegfried Krakauer (1889–1966) als Berliner Feuilletonkorrespondent für die »Frankfurter Zeitung«. So hatte er Gelegenheit, an der Pressefahrt mit dem »Fliegenden Hamburger« teilzunehmen und über die neue Schnelligkeit zu berichten:

»An den Kopfenden des Wagens befinden sich, von jedem Platz aus sichtbar, zwei große Zeiger, die über die jeweilig erreichte Kilometerzahl aufklären. [...] Mehr als 150 Kilometer die Stunde – fassen die Sinne diese Schnelligkeit? Man spürt sie mit dem Gehör, dem Tastvermögen, den Augen. [...] Diese Geschwindigkeit auszukosten, ist einer der größten Genüsse.«

Der Triebwagen und auch das damit verbundene Städteverbindungsmodell waren für eine friedliche Zeit konzipiert, auf die zum Jahreswechsel 1933 kaum zu hoffen war. Mit feinem Gespür für die soziale und emotionale Lage der Weimarer Republik lässt Krakauer den Artikel enden:

»Beim Ausgang höre ich im Gedränge einen Arbeiter sagen: ›Wer da mitfahren dürfte, könnte lachen.‹ Nicht Neid spricht aus diesem Satz, keine Spur von Neid. Allenfalls enthält er den Wunsch nach Zeiten, in denen uns zu Lachen erlaubt ist.«

**Anlässlich des 25jährigen Thronjubiläums** George V. eröffnete die London & North Eastern Railway eine neue Schnellverkehrszugverbindung zwischen London und Newcastle upon Tyne. Entsprechend dem silbernen Jubiläum erhielten die englischen Stromlinienlokomotiven silberne Namen wie Silver Fox oder Silver King. Auch die Weltrekordlok »Mallard« gehörte zu dem Typ der »Silver-Link« Dampflokomotiven.

**Die englische »Mallard«** erreichte 1938 eine Geschwindigkeit von 201,2 km/h. Damit hält sie bis heute den Weltrekord für Dampflokomotiven.

**Das spektakulärste Stromliniendesign** für Dampflokomotiven wurde in den 1930er Jahren in den USA entworfen. Die New York Central Railroad ließ sich das charakteristische Design des Typ J-3a von dem bekannten Industriedesigner Henry Dreyfuss (1904–1972) entwickeln.

Die erste Hochgeschwindigkeitsstrecke der Welt zwischen Tokio und Osaka ist 515 km lang. Der »Shinkansen«-Triebzug – hier 1965 in Tokio – wurde in den 1960er Jahren zum Inbegriff der Modernität.

Im Jahr 1965 stellte die Deutsche Bundesbahn eine sechsachsige Streckenlokomotive vor, die erstmals Tempo 200 im Regelverkehr erreichte. Die zwischen 1970 und 1974 in Serie gefertigte Baureihe 103 blieb jahrzehntelang das Zugpferd des bundesdeutschen Fernverkehrs.

Bis heute ist Japan für die Europäer das große Vorbild für den Hochgeschwindigkeitsverkehr. Die Olympischen Spiele waren 1964 der Anlass, die erste Hochgeschwindigkeitsstrecke der Welt zu eröffnen. »Shinkansen« bedeutet übersetzt neue Stammstrecke, heute ist damit das gesamte »Shinkansen«-Netz von 2.500 km gemeint. Vorbildhaft sind die durchgängig hohe Reisegeschwindigkeit und die absolute Zuverlässigkeit des Fahrplans. Auch ist bis heute kein Unfall passiert, bei dem Menschen zu Schaden kamen. Auf dem »Shinkansen«-Netz fahren nur Hochgeschwindigkeitszüge. Einen ähnlichen Weg beschritt Frankreich ab 1981 mit seinen Strecken für den »Train à Grande Vitesse« (TGV), während in Deutschland zunächst keine eigenen, nur dem Hochgeschwindigkeitsverkehr vorbehaltene Strecken gebaut wurden. Seit 1968 wurden in der Bundesrepublik Forschungen zu Hochgeschwindigkeiten im Rad-Schiene System gefördert. Es sollte allerdings bis 1991 dauern, bis der erste ICE in den Regelbetrieb ging.

Der Bundesbahn-Triebzug ET 403 erreichte ebenfalls eine Geschwindigkeit von 200 km/h. Sein Design erinnerte entfernt an »Shinkansen«-Züge und deutlich an »Entenhausen«. 1974 wurden versuchsweise drei Exemplare in Dienst gestellt. Da sie zu hohe Betriebskosten verursachten, wurden sie bereits 1979 aus dem Betrieb genommen. Als »Lufthansa-Express« verkehrte er von 1982 bis 1995 zwischen den Flughäfen Düsseldorf und Frankfurt.

Der erste »Train à Grande Vitesse« nahm auf der eigens gebauten Strecke am 27. Februar 1982 den Regelbetrieb zwischen Paris und Lyon auf. Der Zug wurde von dem französischen Unternehmer Alstom konstruiert.

Mit den ersten Testfahrten des InterCity-Experimental – hier 1985 – und mit dem Bau der neuen Hochgeschwindigkeitsstrecke Würzburg-Hannover brach in Deutschland ein neues Zeitalter des Bahnverkehrs an. Im Mai 1989 stellte der Versuchszug mit einer Geschwindigkeit über 400 km/h einen neuen Rekord auf.

Mit dem Hochgeschwindigkeitsnetz Japans lassen sich die Eisenbahnstrecken in Deutschland nicht vergleichen. Seit dem 19. Jahrhundert sind wenig neue Strecken gebaut worden. Doch nach der Vereinigung Deutschlands 1990 wurden einige seit langem geplante Streckenprojekte verwirklicht bzw. zu Ende geführt: Dabei ist die 2002 eröffnete Neubaustrecke Köln-Frankfurt am Main nur dem Hochgeschwindigkeitsverkehr vorbehalten. Auf der 2006 eröffneten Strecke Nürnberg-Ingolstadt-München fährt auch Regionalverkehr. Die 1991 vollständig in Betrieb genommene Schnellfahrtstrecke Hannover-Würzburg wird auch nachts vom Güterverkehr befahren.

**Im Oktober 2010** präsentierte die Deutsche Bahn AG erstmals den ICE 3 im Bahnhof St. Pancras International. Die Testfahrten durch den Kanaltunnel waren erfolgreich verlaufen.

**Für den grenzüberschreitenden Verkehr** müssen die europäischen Hochgeschwindigkeitszüge die jeweiligen Landesnormen erfüllen. Der ICE 3 konnte 2007 nach Paris fahren.

Ein grenzenloser Hochgeschwindigkeitsverkehr ist auch in der Europäischen Union noch ein Traum. Neben industriepolitischen Entscheidungen gibt es viele, über 175 Jahre gewachsene technische Hürden, die dem Zusammenwachsen entgegenstehen. Um die Grenzen aufzulösen, setzt die EU auf die »Interoperabilität«. Hinter dem Kunstwort verbirgt sich die Vorstellung, über eine Standardisierung und Normierung der technischen Komponenten des Zugbetriebes so viel technische Einheit zu schaffen, dass ein grenzüberschreitender Zugverkehr problemlos möglich ist. Im Auftrag der EU-Kommission wurde eine »Technische Spezifikationen der Interoperabilität« (TSI) entwickelt, die heute verbindlich die technischen Voraussetzungen für den Hochgeschwindigkeitsverkehr regelt.

**Für das Teilsystem »Fahrzeug«** ist die TSI (2008/232/EG) im Amtsblatt der Europäischen Union bekannt gegeben und bildet den normativen Rahmen für die Hochgeschwindigkeitszüge.

---

Für das Teilsystem „Fahrzeuge" sind diese Anforderungen:

a) Mindestleistungsanforderungen

Um einen Einsatz im transeuropäischen Hochgeschwindigkeitsbahnnetz und eine reibungslose Einfädelung in den Gesamtverkehr zu gewährleisten, müssen alle Hochgeschwindigkeitsfahrzeuge Mindestleistungsdaten hinsichtlich Traktion und Bremsen einhalten. Die Züge müssen über ausreichende Reserven und redundante Einrichtungen verfügen, um die weitgehende Einhaltung dieser Leistungsdaten auch dann zu gewährleisten, wenn einzelne, zu diesen Funktionen beitragende Komponenten oder Module (Antriebsausrüstung vom Stromabnehmer bis zu den Radsätzen, mechanische und elektrische Bremseinrichtungen) ausfallen sollten. Die geforderten Werte und Redundanzen sind im Zusammenhang mit den Merkmalen in den Abschnitten 4.2.1, 4.2.4.2, 4.2.4.3, 4.2.5.1, 4.2.4.7, 4.2.7.2, 4.2.7.12, 4.2.8.1 und 4.2.8.2 ausführlich beschrieben.

Für den Fall einer sicherheitsrelevanten Störung der in dieser TSI beschriebenen Fahrzeugausrüstung oder -funktionen oder einer Überbelegung mit Reisenden müssen der Fahrzeughalter und/oder das Eisenbahnunternehmen in voller Kenntnis der vom Hersteller angegebenen Konsequenzen Betriebsvorschriften für jede vernünftigerweise vorhersehbare Grenzbedingung definiert haben. Die Betriebsvorschriften sind Teil des Sicherheitsmanagementsystems des Eisenbahnunternehmens und müssen nicht von einer benannten Stelle geprüft werden. Zu diesem Zweck muss der Hersteller die verschiedenen vernünftigerweise vorhersehbaren Grenzbedingungen und die zulässigen Grenzwerte und Betriebsbedingungen, die im Betrieb auftreten können, für das Teilsystem „Fahrzeuge" in einem Dokument auflisten und beschreiben. Dieses Dokument ist Teil der technischen Unterlagen gemäß Anhang VI Absatz 4 der Richtlinie 96/48/EG, geändert durch die Richtlinie 2004/50/EG, und ist in den Betriebsvorschriften zu berücksichtigen.

b) Maximale Betriebsgeschwindigkeit der Züge

Die Züge müssen gemäß Artikel 5 Absatz 3 sowie Anhang I der Richtlinie 96/48/EG, geändert durch die Richtlinie 2004/50/EG, folgende maximale Betriebsgeschwindigkeit erreichen:

— mindestens 250 km/h für Züge der Klasse 1;

— mindestens 190 km/h, jedoch unter 250 km/h für Züge der Klasse 2.

Die Betriebsgeschwindigkeit ist die Nenngeschwindigkeit, mit der die Züge in der täglichen Praxis auf geeigneten Strecken erwartungsgemäß betrieben werden.

In allen Fällen muss sich ein Fahrzeug mit maximaler Geschwindigkeit (sofern vom Infrastrukturbetreiber zugelassen) mit ausreichenden Beschleunigungsreserven (gemäß Definition in den folgenden Abschnitten) betreiben lassen.

**Der französische TGV** unternahm auf der Neubaustrecke Nürnberg-Ingolstadt zahlreiche Messfahrten. Noch wird in Europa der Hochgeschwindigkeitsverkehr von nationalen Eisenbahngesellschaften gefahren.

**Der von Siemens produzierte Velaro** ist der schnellste seriengefertigte Zug der Welt. Der Triebzug ist eine Weiterentwicklung des ICE 3 und ermöglicht eine Geschwindigkeit von 360 km/h. Inzwischen fährt der Zug in Spanien, China und Russland.

Seit dem Sommer 2000 ist der ICE 3 für den Fernverkehr der Deutschen Bahn im Einsatz. Die Möglichkeit dem Triebwagenführer über die Schulter zu schauen, wird von vielen Reisenden sehr geschätzt, da so die Geschwindigkeit des Zuges aus der frontalen Perspektive sichtbar wird.

# Güter

# Güter

2,438 × 2,591 × 6,058 Meter – das sind die Maße, die den heutigen Welthandel mit Gütern aller Art bestimmen. Sie gehören zum modernen 20-Fuß-Container, dessen Abmessungen 1964 von der International Organization for Standardization (ISO) exakt festgelegt wurden. Die »ISO-Container« haben inzwischen die ganze Welt erobert. Ohne sie wäre es für die Länder Europas kaum möglich, einen Großteil ihrer Textilien in Asien fertigen zu lassen oder günstig australischen Wein zu importieren.

Hauptgrund für den Erfolg der Transportkiste ist die Tatsache, dass der Container den weltweiten Handel seit den 1960er Jahren enorm kostengünstig gemacht hat. Während Güter früher oft mühsam von Hand und in kleinen Mengen verfrachtet wurden, lässt sich ein moderner Großcontainer durch einen Hebekran umladen. Personalkosten werden dadurch in erheblichem Ausmaß gespart. Zudem können moderne Containerschiffe Tausende von Behältern auf einmal befördern. Die Stapelbarkeit der Kisten erlaubt Schiffskapazitäten von mehr als 14.000 (!) 20-Fuß-Containern bzw. TEU-Einheiten (Twenty-foot Equivalent Unit).

Nicht zuletzt ist der Container »multimodal« einsetzbar, kann also von Schiff, Eisenbahn oder LKW gleichermaßen befördert werden. Die verschiedenen Verkehrsmittel bilden hier ein gemeinsames Transportsystem, dessen Leistungsfähigkeit von allen Teilnehmern gleichermaßen abhängt. Der Schienenweg ist für den Abtransport der Container von den Seehäfen ins Landesinnere von zentraler Bedeutung. In Deutschland koordiniert vor allem DB Schenker Rail gegenwärtig täglich mehrere hundert Containerzüge, die Tausende von Containern von der Küste zu den Verteil-

Der Rangierbahnhof Maschen ist mit seinen 272 Gleiskilometern und 750 Weichen auf 280 Hektar Fläche einer der größten Güterverkehrs-Knotenpunkte.

zentren oder Endabnehmern befördern. Das Prinzip des Containers war den Bahngesellschaften lange vertraut. Schon im 19. Jahrhundert kamen im Schienengüterverkehr weltweit Transportkisten aus Holz oder Metall zum Einsatz. Die Kisten halfen, ein Grundproblem des Eisenbahngüterverkehrs zu bewältigen: Zwar ließen sich im Vergleich zu früher größere Mengen an Gütern transportieren, allerdings nicht von Haus zu Haus, wie von vielen Kunden gewünscht. So mussten die Güter zwangsläufig auf ein Straßentransportmittel umgeladen werden – und das ließ sich mit Transportkisten deutlich schneller bewerkstelligen. Gute Spediteure erkannten diese Marktlücke.

Als sich in den 1920er Jahren der Straßenverkehr zu einer ernsten Konkurrenz für die Schiene entwickelte, bauten auch die Eisenbahngesellschaften den Behälterverkehr aus. Im Rahmen von »Haus-zu-Haus-Verkehren« entwickelten Eisenbahngesellschaften in den USA und in Europa bereits standardisierte Metallcontainer, deren Praxistauglichkeit allerdings noch nicht voll ausgereift war. Statt eines weltweit gebräuchlichen Standardcontainers gab es eine große Vielfalt von Behältern, was im internationalen Verkehr nach wie vor zu Zeitverlusten beim Umladen und zu Lagerproblemen führte. Auch waren die frühen Eisenbahncontainer nicht immer multimodal einsetzbar.

Eine wirklich multimodale Lösung brachte erst das System des einheitlichen Großcontainers, das der US-amerikanische Spediteur und Reeder Malcom McLean in den 1950er Jahren auf den Markt brachte. McLeans Grundidee bestand in einem großen Einheitscontainer, der wie ein LKW-Anhänger funktionierte und komplett auf Schiffe und Züge umgeladen werden konnte. Eine unglaubliche Dynamik erhielt die Erfolgsgeschichte des modernen Containers am 26. April 1956, als McLean im Hafen von Newark sein erstes Containerschiff – die »Ideal X« – mit 58 Großcontainern an Bord auf den Weg brachte.

In den folgenden Jahrzehnten führte der Ausbau des Containerverkehrs weltweit zu einem tiefgreifenden Wandel in Handel und Industrie, der zu Recht als »Containerrevolution« bezeichnet wird. Und trotz Wirtschaftskrisen sagen Experten der Branche für die kommenden Jahrzehnte weiteres Wachstum voraus. Da ein einziger Containerzug rund 50 LKW ersetzen kann, ist dies auch für die Bahngesellschaften ein interessantes Geschäftsfeld und eine logistische Herausforderung.

Containerhäfen sind Drehscheiben zahlreicher Handels- und Verkehrsströme. Hier treffen die unterschiedlichen Verkehre zu Wasser und zu Lande aufeinander. So ist der Hamburger Hafen der drittgrößte Containerhafen Europas und zugleich der größte europäische Aufkommenspunkt für den schienengebundenen Güterverkehr. 2010 bedienten mehr als 1100 Güterzüge pro Woche den Hamburger Hafen. Für die Bewältigung dieser Verkehre ist auch das Schienennetz im Hinterland von großer Bedeutung. Der Containerterminal in Hamburg-Billwerder und Europas größter Rangierbahnhof in Maschen sind in den Schienengüterverkehr vom und zum Hamburger Hafen eingebunden.

Stückgutverladebahnhof der Deutschen Bundesbahn in Kornwestheim in der Nähe von Stuttgart: Vor der Containerrevolution spielte der Stückgutverkehr bei den Eisenbahnen eine bedeutende Rolle. Die wachsende Globalisierung der Wirtschaft bewirkte einen Rückgang dieses klassischen Geschäftsbereichs.

Die Güterabfertigung im Hauptgüterbahnhof in Frankfurt am Main lag unweit der Messe. Auf den ehemaligen Bahnanlagen entsteht heute das Europaviertel.

Verladen von Zwetschgen und Tomaten in Kitzingen.

**Früher Güterverkehr** auf der Strecke Liverpool-Manchester, die 1830 eröffnet wurde.

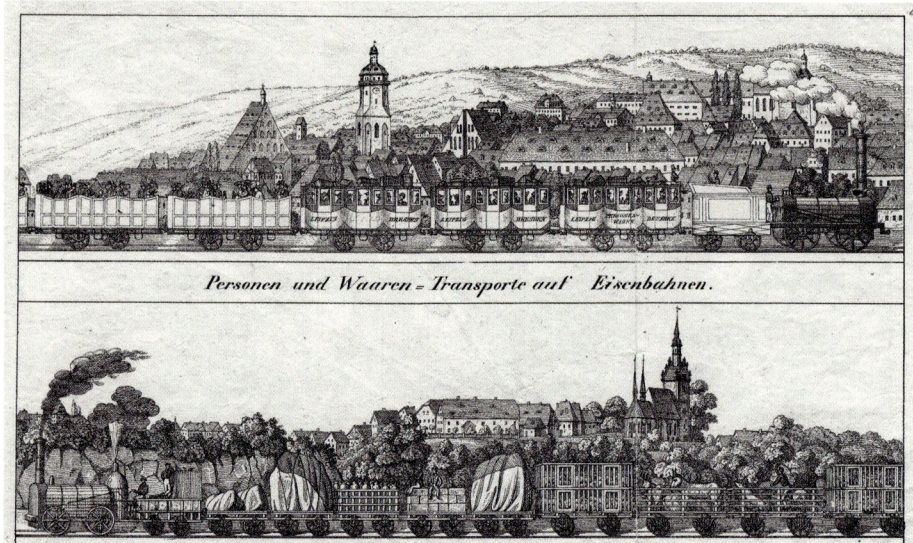

**Die ersten Eisenbahnfahrten** auf der 1838 in Betrieb genommenen Strecke Leipzig-Dresden.

Die Betreiber der ersten Eisenbahnlinien hofften anfänglich vor allem auf Gewinne aus dem Gütertransport. Schließlich ließen sich mit der Bahn alle möglichen Arten von Gütern schnell und über weite Strecken befördern – von Fertigwaren über Rohstoffe und Lebensmittel bis hin zu Haustieren.

Die Erwartung bedeutender Einkünfte aus dem Güterverkehr ging jedoch zu Beginn nur teilweise in Erfüllung. In Deutschland erbrachte der Personenverkehr bis in die 1850er Jahre den Großteil der Einnahmen für die Eisenbahngesellschaften. Erst mit der fortschreitenden Industrialisierung und der steigenden Nachfrage im Gütertransport stiegen die Einnahmen aus dem Schienengüterverkehr rasant in die Höhe. Seitdem blieb der Gütertransport für die deutschen Eisenbahnen bis in die zweite Hälfte des 20. Jahrhunderts hinein die Haupteinnahmequelle.

Flüssige Schokolade wird in einen Kesselwagen gefüllt, der anschließend per Straßenroller zum nächsten Gleisanschluss gelangte, 1969.

Im Laufe der Zeit wurden verschiedene Techniken entwickelt, die einen Haus-zu-Haus-Verkehr bei der Eisenbahn ermöglichen sollten. Eine dieser Entwicklungen war ein Straßenroller, mit dem ganze Güterwagen auf der Straße zu den Kunden transportiert werden konnten. Der fahrbare Untersatz, den der Reichsbahnoberrat Johann Culemeyer entwickelte, kam 1933 erstmals bei der Reichsbahn zum Einsatz.

Im Laufe der Zeit erlangten die Straßenrollertransporte einen beachtlichen Umfang. Bereits 1938 wurden über 200.000 Güterwagen auf diese Weise von der Reichsbahn befördert. Im Vergleich zu den Containern war das Culemeyer-System allerdings nicht effizient genug, so dass die Zahl der Transporte seit den 1950er Jahren stetig abnahm. Bei der Bundesbahn wurden die letzten Fahrzeuge 1992 endgültig ausgemustert.

Der Straßenroller der Deutschen Reichsbahn machte die Anlieferung der Waren beim Kunden sichtlich einfacher.

Ein Container der Deutschen Reichsbahn wird umgeladen.

Vieltüriger Container der Deutschen Reichsbahn von 1935.

1924 wurde auf der Eisenbahntechnischen Ausstellung in Seddin der erste Containertragwagen in Deutschland vorgestellt. Dies war der Beginn der neueren Containerentwicklung bei den deutschen Eisenbahnen und zugleich der Startschuss für den groß angelegten »Haus-zu-Haus-Verkehr«. Mitte der 1930er Jahre waren bei der Reichsbahn bereits rund 12.000 Behälter im Einsatz.

Die britischen Eisenbahnen verfügten seit den 1920er Jahren ebenfalls über moderne Container für den Haus-zu-Haus-Verkehr – der im angelsächsischen Raum übrigens »Door-to-Door-Traffic« hieß, also wörtlich übersetzt »Haustür-zu-Haustür-Verkehr«. Die Container, die in den 1930er Jahren weltweit bei den Eisenbahngesellschaften zum Einsatz kamen, hatten bereits vieles gemeinsam mit den heutigen Containern. Sie konnten von mehreren Seiten beladen werden und es gab spezielle Hebeeinrichtungen bzw. Kräne, die das schnelle Umladen zwischen LKW und Güterwagen ermöglichten.

**Haus-zu-Haus-Container** für Lebensmittel der Great Western Railway in Großbritannien, 1938.

**Umladen eines Containers** der New York Central Railroad Company, 1930.

Malcom McLean 1962 mit Containern seiner Reederei »Sealand Corporation« im Hintergrund.

Am 5. Mai 1966 legte erstmals ein Containerschiff aus den USA – die »Fairland« der Reederei »Sealand« – in einem deutschen Hafen an, und zwar in Bremen.

Jeder kennt Bill Gates, aber wem sagt der Name Malcom McLean etwas? Dabei war seine Geschäftsidee nicht weniger revolutionär: McLean besaß in den 1930er Jahren eine Spedition in North Carolina und lieferte regelmäßig Waren im Überseehafen von Hoboken ab. Dort musste er oft stundenlang warten, bis die Waren umgeladen waren. Der Ärger über die verlorene Zeit brachte ihn auf die Idee eines einheitlichen Großcontainers, der schnell vom LKW auf das Schiff verfrachtet werden konnte. Anfangs bestand allerdings nur wenig Interesse an der Idee des Großcontainers, so dass McLean 1955 seine Spedition verkaufte und eine kleine Reederei übernahm, um das Containergeschäft selbst in die Hand zu nehmen. Als am 26. April 1956 McLeans erstes Containerschiff den Hafen Newark verließ, um nach Houston, Texas, zu fahren, begann ein neues Zeitalter in der Transportgeschichte. Seine Reederei, die seit 1960 »Sealand Corporation« hieß, verkaufte McLean bereits Ende der 1960er Jahre wieder. Danach gründete er weitere erfolgreiche Speditionsunternehmen, zuletzt die TrailerBridge, die McLean bis zu seinem Tod 2001 persönlich führte.

Der Terminal Duisburg ist eine der wichtigsten Drehscheiben im nationalen und internationalen kombinierten Verkehr.

Neben dem Container hat sich im kombinierten Verkehr zwischen Schiene und Straße bis heute der »Huckepack«-Verkehr durchgesetzt. Dabei werden ganze LKW oder Sattelauflieger auf Güterwagen transportiert. Das Verladen erfolgt in der Regel ebenfalls an den großen Containerterminals. Bei der Bundesbahn starteten die ersten Versuche mit dem »Huckepackverkehr« bereits vor der Einführung des Großcontainers, nämlich im Jahr 1954.

Im 19. Jahrhundert hatte Gottfried Schenker die Geschäftsidee, einen internationalen Sammelverkehr für die unterschiedlichsten Güter zu etablieren. Da er seinen Kunden weltweiten Service zu guten Preisen anbieten konnte, war die Spedition Schenker sehr erfolgreich. 1931 wurde das Familienunternehmen an die Deutsche Reichsbahn verkauft und nach dem Zweiten Weltkrieg von der Deutschen Bundesbahn weitergeführt. Diese veräußerte aber nach und nach alle Anteile an dem Unternehmen. Ironie der Wirtschaftsgeschichte: Um ihr internationales Geschäft zu stärken, erwarb die Deutsche Bahn AG mit dem Kauf der Stinnes AG 2002 Schenker. Heute bietet die DB AG unter der Marke DB Schenker Transport- und Logistikleistungen an und ist auf den wettbewerbsintensiven internationalen Märkten aktiv, wie zum Beispiel in Großbritannien.

Doppelstock-Containerzug in New Mexiko, USA.

Die »Containerisierung« schreitet international weiter voran. Die positiven Wachstumsprognosen sind vielerorts Anlass für eine Erweiterung der vorhandenen Transport- und Umschlagkapazitäten für die Container. Viele Neuerungen kommen dabei aus dem sonst eher auf den Straßen- und Luftverkehr konzentrierten Nordamerika. In den USA und Kanada können aufgrund des großen amerikanischen Lichtraumprofils bereits Doppelstock-Containerwagen eingesetzt werden. Mit den sogenannten double-stack cars lassen sich bis zu hundert 20-Fuß-Container transportieren. 2009 überraschte eine andere Nachricht aus den USA die Wirtschaftswelt. Der US-Milliardär Warren Buffett kaufte für fast 40 Milliarden US-Dollar die Gütereisenbahngesellschaft BNSF, die sich auf den Containerverkehr im Westen der USA spezialisiert hat. Buffett kommentierte den Kauf mit den Worten: »Das ist eine Wette auf die wirtschaftliche Zukunft der Vereinigten Staaten. Ich liebe solche Wetten.«

# Räume

# Räume

Die Raumerfahrung des Berliner Hauptbahnhofs, bei dem Empfangsgebäude und Bahnsteighalle architektonisch ineinandergreifen, würde einen Reisenden aus den Anfangstagen der Eisenbahn wahrscheinlich völlig überwältigen. Denn einer These des Historikers Wolfgang Schivelbusch zufolge hatte der Großstadtbahnhof bis weit ins 19. Jahrhundert die Funktion einer Schleuse, durch die der Reisende Schritt für Schritt zum Zug geleitet wurde; noch waren die »›eingeweidehaften‹ technischen Ausprägungen des Bahnbetriebs«, so der Denkmalpfleger Axel Föhl, dem Reisenden nicht zumutbar. Aus der Stadt kommend, sah sich der Reisende zunächst dem repräsentativen Empfangsgebäude gegenüber, dessen Front die gewaltigen Dimensionen der Bahnsteighalle, das ungewohnt hastige Treiben auf den Bahnsteigen sowie den Rauch und Lärm der Dampfloks verbarg. Vom Empfangsgebäude aus begab er sich dann in einen Warteraum und erst kurz vor Abfahrt des Zuges in die Bahnsteighalle.

Die Bauherren der ersten Bahnhöfe orientierten sich zunächst an bekannten baulichen Lösungen: Die Front der Liverpool Road Station von 1830 in Manchester etwa glich einem Wohnhaus, von dem aus der Reisende auf den Bahnsteig trat, ein Satteldach überspannte die Gleise; eine Konstruktion, die den ersten Bahnhöfen in Deutschland wie dem Potsdamer Bahnhof von 1838 in Berlin als Vorbild diente.

In der zweiten Hälfte des 19. Jahrhunderts wurden die Bahnsteighallen oft nicht mehr hinter den Empfangsgebäuden »versteckt«, sondern sprachen immer öfter im Architekturensemble mit. Durch die Baustoffe Eisen und Glas, die damals Einzug in die Architektur hielten,

Innenraum des Berliner Hauptbahnhofs, der 2006 eingeweiht wurde.

konnten immer größere Bahnsteighallen realisiert werden: vom Görlitzer Bahnhof mit 36 Metern Spannweite zum Anhalter Bahnhof mit 61 Metern, und das in nur rund zehn Jahren. Die größeren Hallen waren nötig geworden, denn Ende des 19. Jahrhunderts wuchsen die Städte rasch und auf den Bahnhöfen begegneten sich die Landbewohner auf dem Weg in die Fabrik und die Stadtbewohner auf dem Weg zur Landpartie. Die Halle des Frankfurter Hauptbahnhofs aus den 1880er Jahren überspannte 18 Gleise, die Ingenieure und Architekten zogen nun alle Register, wie der Architekt Meinhard

**Der Bau des Bahnhofs St. Pancras in London** verdeutlichte, wie massiv die Eisenbahn in gewachsene Stadträume eingriff: Für die Strecke der »Midland Railway« mussten zahlreiche Bewohner eines Slums ihre Unterkünfte verlassen, unter Protesten wurde sogar ein alter Friedhof eingeebnet. St. Pancras veranschaulichte aber auch die architektonischen Dimensionen, in denen die Bedeutung des Verkehrsmittels Eisenbahn gebauten Ausdruck fand: Mit 74 Metern Spannweite war die Bahnsteighalle über zwanzig Jahre lang die größte Eisenkonstruktion der Welt.

von Gerkan beschreibt: »Es konnte kein Werkstoff zu edel, kein Luftraum zu groß, keine Konstruktion zu gewagt und keine Fläche zu großzügig sein bei der Realisierung der Bahnhofsbauten. Das gesamte architektonische, ingenieurbaukünstlerische und bildhauerische Instrumentarium wurde bemüht, um Erlebnisräume zu inszenieren, Wohlhabenheit zu demonstrieren und städtebauliche Dominanz zu beanspruchen.« Diese Entwicklungslinie hin zu immer größeren und prächtigeren Bauten fand 1915 ihren Abschluss mit dem Leipziger Hauptbahnhof, der an Monumentalität seinesgleichen suchte.

Nur wenige Jahre später kamen auch die Bahnhöfe in den Einfluss moderner Architekturströmungen. Der Architekt Erich Mendelsohn zeichnete in den 1910er Jahren Bahnhöfe, »die unter der Energie ihrer Zeit und Raum beherrschenden Kraft auf der Stelle zu vibrieren scheinen«, so der Architekturkritiker Dieter Bartetzko.

Und als »reine Bewegungsform« erscheint ihm der in den 1930er Jahren modernisierte Bahnhof Zoologische Garten in Berlin, der dem geschäftigen Treiben auf dem Bahnhof und dem Tempo der Eisenbahnreise baulich Ausdruck verlieh.

Der Zweite Weltkrieg stellte eine Zäsur dar, auch die Bahnhöfe wurden Ziele alliierter Bombenangriffe. In den Nachkriegsjahren waren ihre Ruinen Anlaufstellen für Kriegsheimkehrer, Heimat- und Staatenlose sowie Ausgangspunkte für Hamsterfahrten.

In den 1950er und 1960er Jahren verlor die Eisenbahn gegenüber dem Auto an Bedeutung, Bahnhöfe wurden mitunter »rücksichtslos abgerissen oder in gesichtslose Zweckbauten umgewandelt«, so der ehemalige Vorstandsvorsitzende der Deutschen Bahn AG, Heinz Dürr. Nicht wenige der einstigen »Kathedralen des Fortschritts« machten als Zentren von Rotlicht- und Rauschgiftbezirken von sich reden. Das Blatt wendete sich erst wieder seit den 1980er Jahren, als die Deutsche Bundesbahn und die Städte die Bahnhöfe als Trumpf im Werben um Kunden und Image-Verbesserung entdeckten; einen Höhepunkt stellte die von der Deutschen Bahn AG mitkonzipierte Ausstellung »Renaissance der Bahnhöfe« dar, die 1996 im Rahmen der Architektur-Biennale in Venedig Ausblicke auf mögliche Bahnhofskonzepte gab.

Es gab und gibt viele Metaphern für Bahnhöfe, »Vulkane des Lebens« etwa nannte sie Kasimir Malewitsch. Für ein Gebäude, dessen amtliche Bezeichnung bis heute »Betriebsstelle mit mindestens einer Weiche, wo Züge beginnen, enden, kreuzen, überholen oder mit Gleiswechsel wenden dürfen« ist, ist dies durchaus beachtlich.

**Wie nicht anders zu erwarten,** befanden sich die Vorbilder für die ersten deutschen Bahnhöfe in England, etwa in Liverpool. Hier schützte ein schmales Vordach auf gusseisernen Säulen unmittelbar neben dem Empfangsgebäude die Reisenden beim Ein- und Aussteigen vor Wind und Wetter. Ebenfalls vorbildhaft war das hölzerne Satteldach über den Gleisen, das auf der Vorhalle und einer Stützmauer auflag.

**Die Bahnhöfe der ersten deutschen Eisenbahn** glichen noch den älteren Stationen für Postkutschen. In Nürnberg gab es einen Stall für die Pferde, die in der ersten Zeit häufig die Wagen der Ludwigs-Eisenbahn zogen, aber auch bereits Gleisanlagen zum Wenden der Züge, ein »Bureau« für Verwaltung und »Billet-Casse«, ein »überdecktes Bahnstück« als Vorläufer der Bahnsteighalle und Wagenremisen, in denen der »Adler« und die Personenwagen untergestellt und repariert werden konnten. Der Bahnhof in Fürth wurde von einem Zaun mit einer Ein- und Ausfahrt eingefasst: Er war ganz wörtlich noch ein »Bahn-Hof«.

**Fast alle Bahnhöfe in den ersten Tagen** der Eisenbahn waren Kopfbahnhöfe und lagen am Rand der Stadt; auch der erste Bahnhof Berlins, der Potsdamer Bahnhof von 1838. Er hatte reservierte Bereiche für den königlichen Hof und unterschied zwischen den Klassen 1-4. Wie viele andere Bahnhöfe der Zeit wurde er bereits nach wenigen Jahren aus Kapazitätsgründen grundlegend umgebaut.

**Die hölzerne Dachkonstruktion** des Dresdner Bahnhofs von 1839 in Leipzig war lange Zeit typisch für deutsche Bahnhöfe und wurde erst in der zweiten Hälfte des 19. Jahrhunderts durch Konstruktionen aus Stahl abgelöst. Der Einfluss Englands zeigte sich übrigens nicht nur in der Architektur: Die Leipziger-Dresdner-Eisenbahn fuhr bis in die 1880er Jahre links.

**Im Gegensatz zu anderen Bahnhöfen seiner Zeit** war der 1844 vollendete Bayerische Bahnhof in Leipzig so großzügig konzipiert, dass er das steigende Verkehrsaufkommen bis zum »Umzug« der Fernverkehrszüge Anfang des 20. Jahrhunderts in den Hauptbahnhof fassen konnte.

**Rund drei Jahrzehnte nach seinem Bau** wurde der Anhalter Bahnhof 1872 bis 1880 grundlegend erweitert, um dem wachsenden Reisendenaufkommen gerecht zu werden. Typisch für die damalige Zeit war, dass die Bahnsteighalle nicht mehr von der Empfangshalle verdeckt wurde. Die Reisenden konnten schon von Weitem alle wichtigen Bereiche des Bahnhofs einsehen und sich leicht orientieren.

**Der Stettiner Bahnhof von 1876** in Berlin hatte den Beinamen »Dienstmädchenbahnhof«: Viele junge Frauen kamen hier an und hofften auf eine Anstellung in einem bürgerlichen Haushalt. In der Regel wurden Bahnhöfe aufgrund ihres großen Platzbedarfes am Stadtrand gebaut. Ackerland wurde dadurch zur wertvollen Baufläche, Grundstücksspekulanten witterten ihr Geschäft.

**Bahnsteig- und Fahrkarten** wurden wie hier im Anhalter Bahnhof in Berlin vor Betreten des Bahnsteigs gelocht. Ende des 19. Jahrhunderts hatten die Preußischen Staatseisenbahnen die Fahrkartenkontrolle an den Zugang zum Bahnsteig verlegt, da für die Schaffner die Kontrolle vor der Erfindung des D-Zuges (D wie Durchgang) äußerst gefährlich war: Sie mussten sich während der Fahrt an der Außenseite der Wagen auf Trittbrettern von Abteil zu Abteil hangeln.

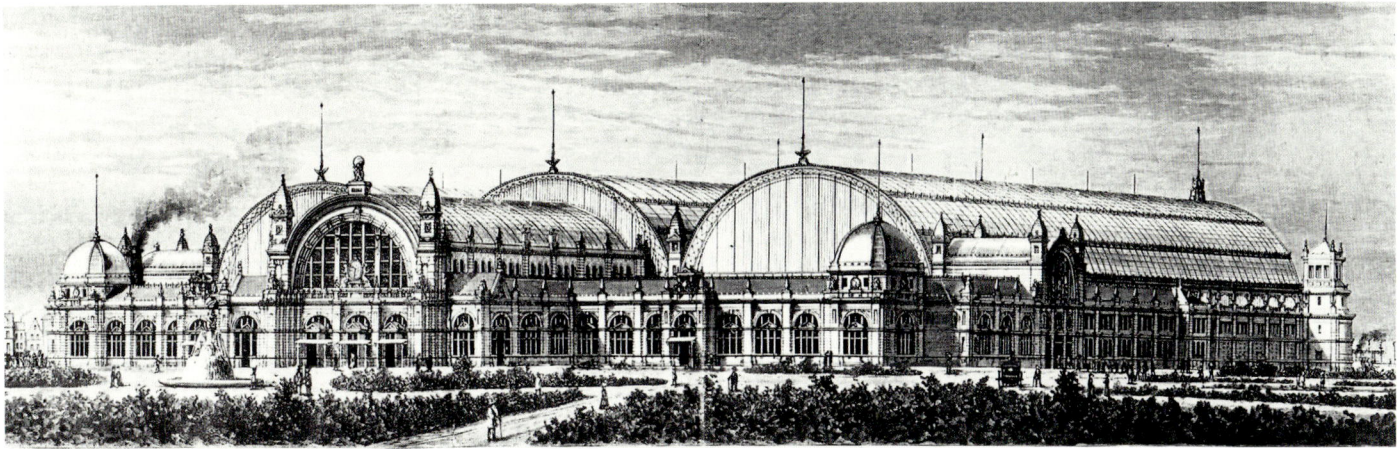

Das Figurenprogramm des Frankfurter Hauptbahnhofs schildert alle erdenklichen Facetten der wirtschaftlichen und kulturellen Bedeutung der Eisenbahn: Zu sehen sind unter anderem der antike Titan Atlas, der mit Unterstützung der Genien des Dampfes und der Elektrizität den Erdball trägt, Darstellungen des Handels, der Industrie, des Tages und der Nacht, sowie ein Paar auf Hochzeitsreise, Auswanderer und Touristen. Der 1883 bis 1888 gebaute Frankfurter Hauptbahnhof gehörte zu den schönsten und größten Bahnhöfen Europas.

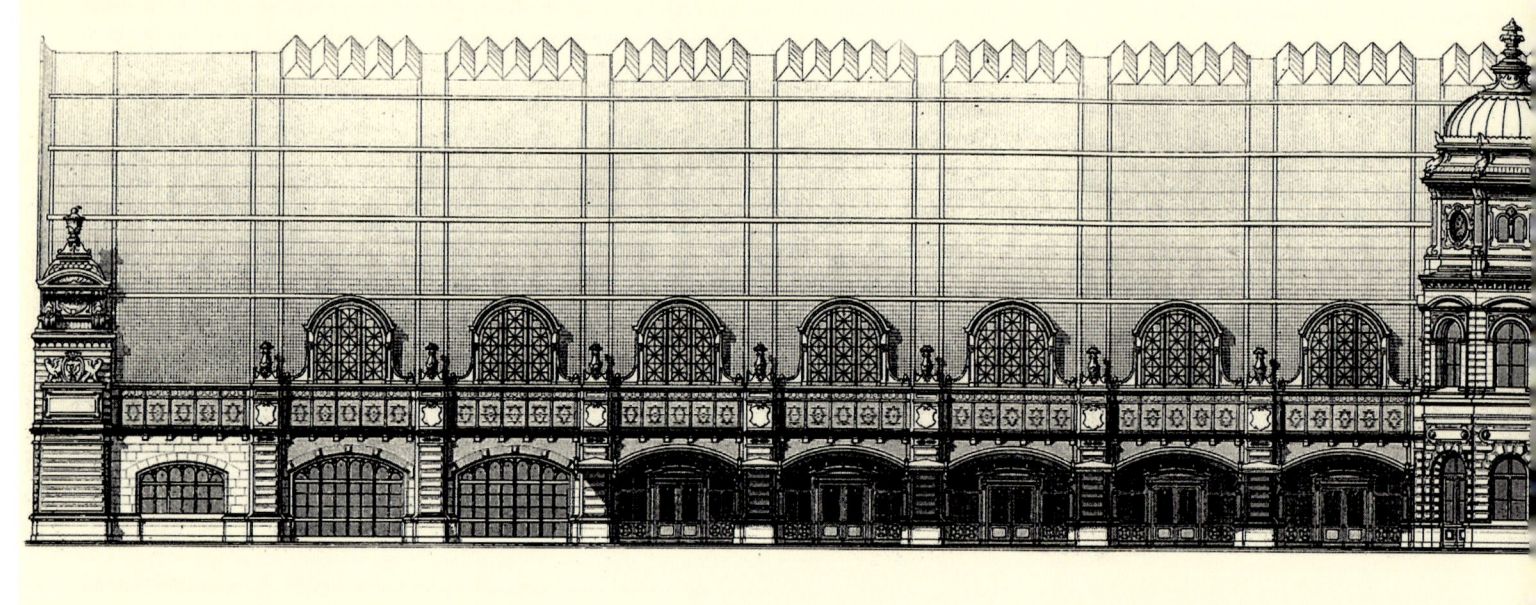

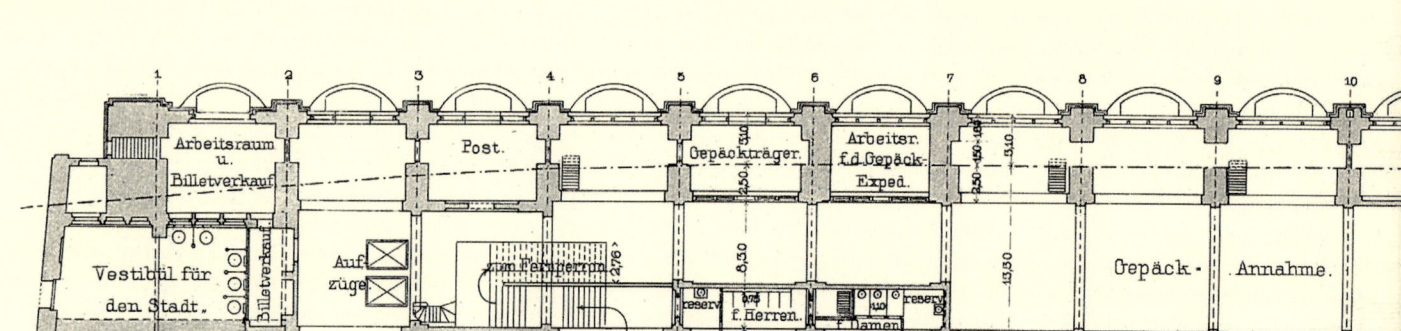

**Bahnhof Berlin Alexanderplatz** in der »Zeitschrift für Bauwesen« von 1884: Eingezeichnet sind unter anderem Post, Polizeiwache, Billetverkauf, Gepäckannahme und Wartesaal – noch mit separatem »Damenzimmer«.

…senbahn.

…nderplatz.



…t.



…ſs.

Atlr. Geör. Ritter u. Riegel.

Berlin.

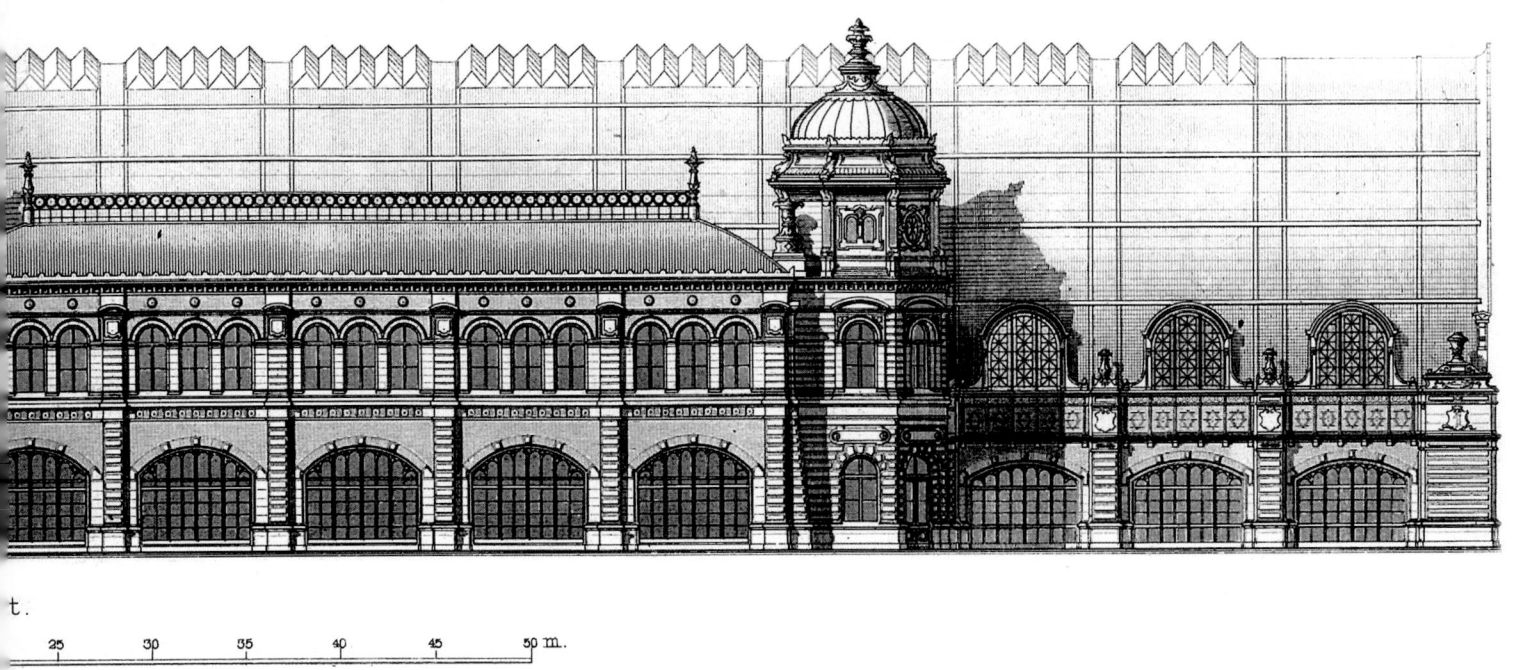

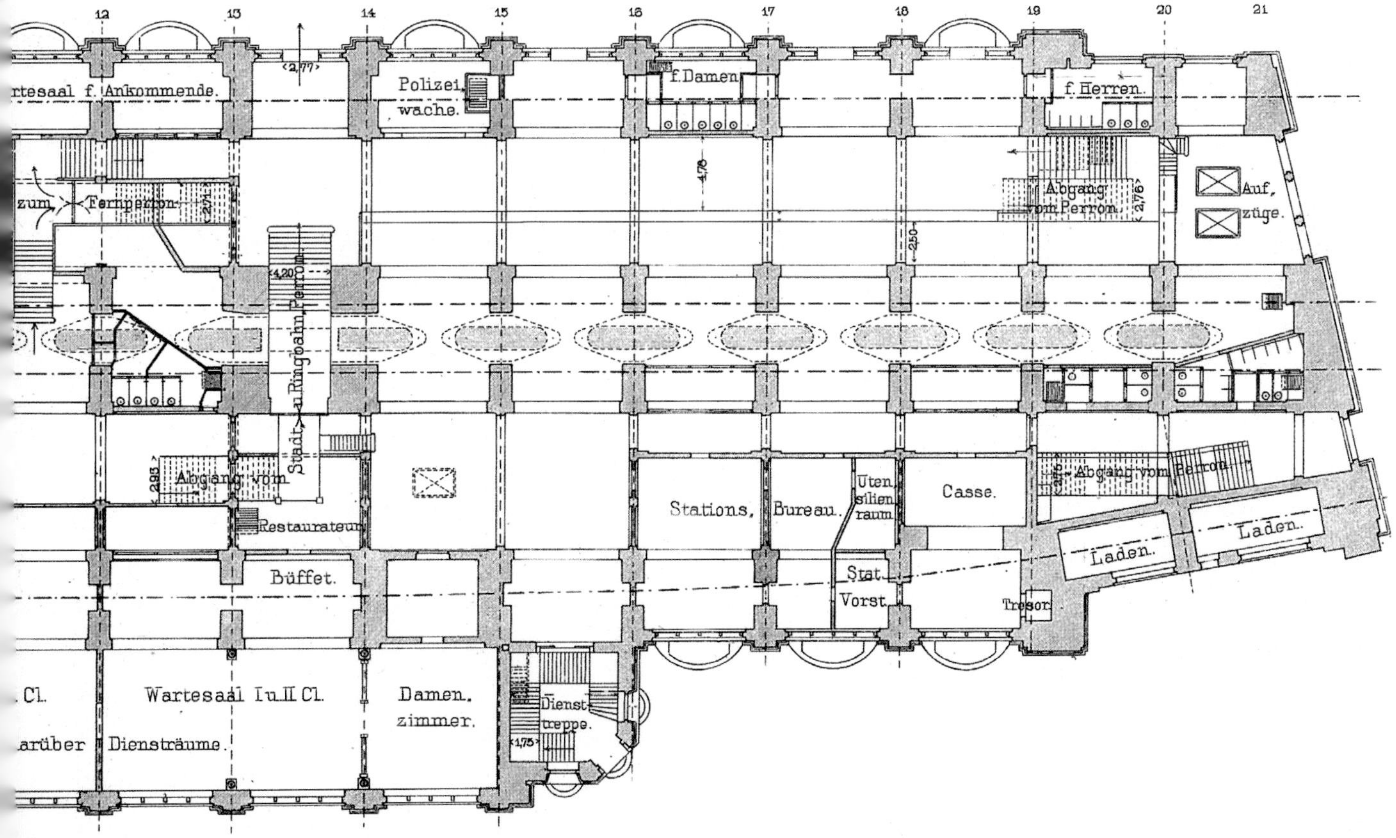

Zur Zeit der ersten deutschen Ferneisenbahn zwischen Dresden und Leipzig Ende der 1830er Jahre hatte Leipzig rund 50.000 Einwohner, 1910 waren es fast 600.000. Verständlich, dass die nebeneinander liegenden Kopfbahnhöfe aus dem 19. Jahrhundert ausgedient hatten: Der Eisenbahnverkehrsknoten Leipzig wurde Anfang des 20. Jahrhunderts grundlegend neu gestaltet. Mit rund 85.000 Quadratmetern Grundfläche galt der 1915 fertig gestellte Hauptbahnhof als größter Bahnhof Europas.

Der Wartesaal des Hauptbahnhofs Leipzig um 1915.

Der nach dem Entwurf »Licht und Luft« im Bau befindliche Hauptbahnhof Leipzig um 1910.

Berufsverkehr auf dem Hauptbahnhof der Messestadt Leipzig im Jahr 1972.

Blick über den Querbahnsteig des zerstörten Leipziger Hauptbahnhofs in den 1950er Jahren.

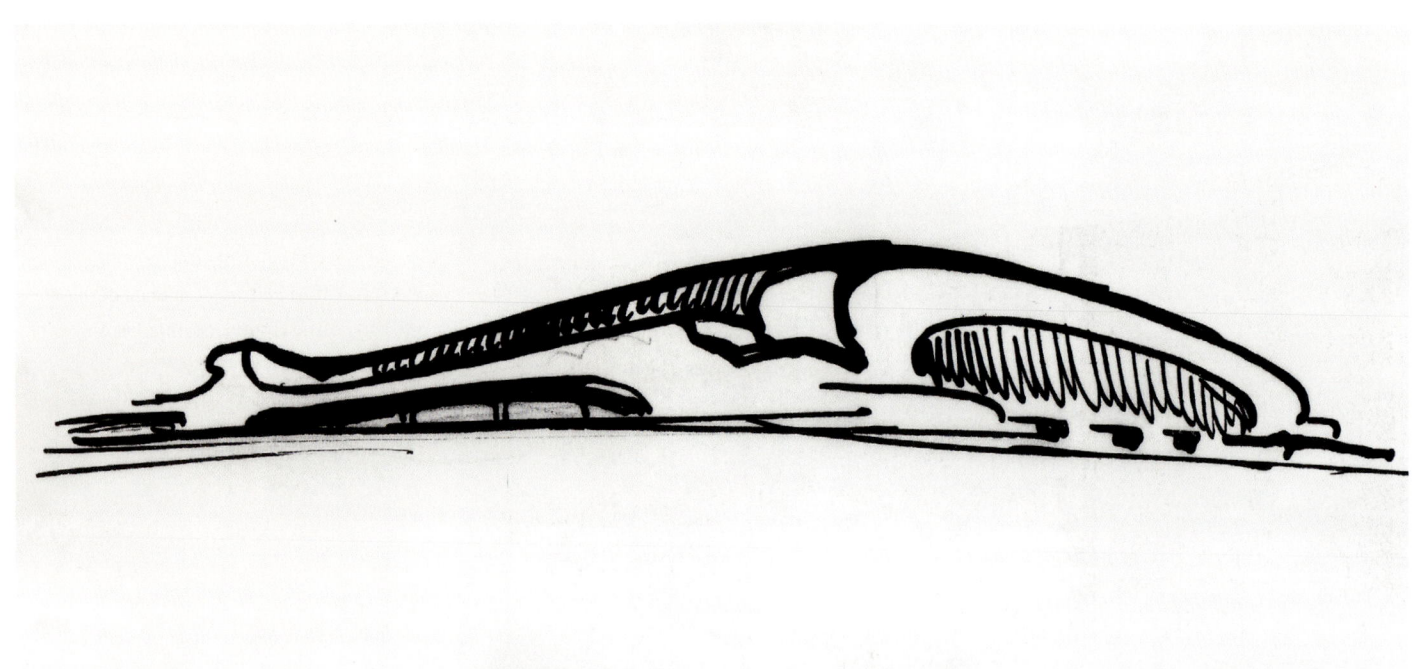

**Neue Formensprache:** Mit wenigen Strichen skizzierte Erich Mendelsohn 1914 dieses Bahnhofsgebäude.

**Der Bahnhof Zoologischer Garten in Berlin** war zunächst für den Vorortverkehr vorgesehen, wurde aber bereits in den 1880er Jahren zum Fernbahnhof erweitert; von einem historisierenden Empfangsgebäude keine Spur mehr. Die Teilung Berlins gab dem Bahnhof eine zentrale Bedeutung in West-Berlin. Seit der Fertigstellung des Berliner Hauptbahnhofs 2006 halten hier vor allem Regionalzüge.

**Großer Bahnhof:** 1955 weihte der damalige Bundespräsident Theodor Heuss einen der ersten Bahnhofsneubauten der Bundesrepublik ein, den Heidelberger Bahnhof. Vor seinem Empfangsgebäude scheint bereits die »Bedrohung« motorisierter Individualverkehr Aufstellung zu nehmen: das Auto.

**Blick auf den S-Bahnsteig Richtung West-Berlin** im Bahnhof Friedrichstraße. Im April 1990 war rechts noch die Trennwand zum S-Bahnsteig Ost zu sehen.

**1964 geht auf dem Berliner Bahnhof** Friedrichstraße die erste Passierscheinaktion seit dem Mauerbau zu Ende. Über 100.000 West-Berliner haben die Neujahrstage bei Verwandten in Ostberlin verbracht.

**Beispiel für die seltenen Bemühungen** der Deutschen Bundesbahn, repräsentative Bahnhofsbauten zu gestalten: Das zwischen 1955 und 1960 errichtete Empfangsgebäude des Münchner Hauptbahnhofs mit seiner Alu-Glas-Fassade. In den 1950er Jahren kamen hier zahlreiche Gastarbeiter aus Italien an. Diese machten den Bahnhof, wo es Zeitschriften und Zeitungen aus der Heimat gab, zu ihrem Treffpunkt und gaben ihm ein gewisses internationales Flair.

**Ein markanter Bahnhofsneubau** der Deutschen Reichsbahn der DDR: 1945 zerstört, bekam Cottbus nach jahrelangem Provisorium in den 1970er Jahren ein neues Empfangsgebäude; aufgrund des Braunkohleabbaus in der Region war Cottbus ein wichtiger Eisenbahnknoten.

# Umwelt

# Umwelt

Die Eingriffe der Eisenbahn in die Landschaft des 19. Jahrhunderts waren beträchtlich. Was der Straßenbau im 20. Jahrhundert für die Umwelt bedeutete, hatte die Eisenbahn vorgemacht. Das Aufschütten von Dämmen, das Tieferlegen von Trassen, das Schlagen von Tunneln und nicht zuletzt die Inanspruchnahme gewaltiger Flächen, die insbesondere für die Infrastruktur des Eisenbahngüterverkehrs in Anspruch genommen wurden, veränderten die Umwelt des Menschen radikal.

Bei aller Begeisterung für den Fortschritt blieben die unangenehmen Begleiterscheinungen des Eisenbahnverkehrs nicht unbemerkt. Gestank und Dampfentwicklung waren den Anrainern von Bahnstrecken ein ständiges Ärgernis, genau wie die materiellen Schäden, die zum Beispiel durch den Funkenflug hervorgerufen wurden. So lautet der Titel einer juristischen Dissertation aus dem Jahr 1913 »Haftung der Eisenbahnen in Preußen für den durch Funkenflug an Wald und Wild entstandenen Schaden unter besonderer Berücksichtigung des Verschuldens des Geschädigten und der Stellung der gefährdeten Hypothekengläubiger.« Doch gegen die Dampfungetüme auf dem Land oder inmitten der Großstädte regte sich kein Protest. Schließlich brachten sie die Städter hinaus in die Natur.

Eine weit größere Bedeutung als die Eingriffe in die Natur hatte für die Bahnverwaltungen das »Thema Verringerung des Energieverbrauchs«. An den Ingenieursschulen und bei den Eisenbahnen wurde nach Techniken und Methoden für die Verbesserung des Wirkungsgrades der Dampflokomotiven geforscht, um den Energieverbrauch im gesamten System zu senken und kos-

Diese und ähnliche Postkarten wurden vor dem Zweiten Weltkrieg vom Werbeamt der Eisenbahnreklame in Umlauf gebracht.

tensparend zu wirtschaften. Als Werner Siemens im Mai 1879 seine elektrische Demonstrationsbahn auf der Berliner Gewerbeausstellung fahren ließ, erkannten Weitblickende sofort die neuen Möglichkeiten. Allerdings sollte es noch Jahre dauern, bis tatsächlich die erste elektrische Vollbahn betrieben werden konnte. Denn die neue und billigere Antriebstechnik benötigte eben auch eine neue Infrastruktur für den Bahnstrom. Nicht umsonst entstanden die ersten elektrischen Netze in Bayern – wo die Wasserkraft früh für die Stromgewinnung zur Verfügung stand –, sowie in Schlesien und im Leipziger Raum, wo Kohle billig und in der Nähe zu großen Verbraucherzentren zu haben war.

**Bis weit in das 20. Jahrhundert** wurden die unangenehmen Begleiterscheinungen der dampfbetriebenen Eisenbahn ohne Klagen in Kauf genommen. Der Bahnhof Charlottenburg war einer der vielen Bahnhöfe Berlins, die in unmittelbarer Nachbarschaft zu Wohngebieten lagen.

**Kaum waren die ersten Strecken gebaut,** nutzten Städter die Eisenbahn auch, um Ausflüge in das Umland zu unternehmen. Der Stettiner Bahnhof in Berlin, wo diese Aufnahme um 1900 gemacht wurde, war der Ausgangspunkt für Ausflüge und Ferienfahrten an die Ostsee.

Der umweltpolitische Systemvorteil einer elektrifizierten Eisenbahn gegenüber dem Individualverkehr sollte sich erst nach dem Zweiten Weltkrieg beweisen. Die Bahn hatte immer mehr Marktanteile an das Auto und den LKW verloren, und so schön das Auto für den Einzelnen in den Wirtschaftswunderzeiten des Westens auch war, es mehrten sich die Stimmen, die vor dem Verkehrskollaps und einer zunehmenden Luftverschmutzung warnten. Die Bundesbahn entdeckte ihre eigene Umweltverträglichkeit allerdings erst in den 1970er Jahren. Der berühmte Bericht des »Club of Rome« über die »Grenzen des Wachstums« war zwar noch nicht erschienen. Gleichwohl gab es eine weltweit wachsende Besorgnis

Das Bahnkraftwerk Muldenstein gehörte zu den ersten Kraftwerken zur Nutzung der Braunkohlevorkommen. Es wurde 1910 für den Versuchsbetrieb gebaut und hatte 1934 seine erste Ausbaustufe erreicht, um Strom für den »mitteldeutschen Ring« (Leipzig, Halle/Saale, Köthen, Magdeburg, Dessau, Bitterfeld, Leipzig) zu produzieren.

über die Folgen der Industrialisierung und in der Bundesrepublik stärkten die Diskussionen um das »Waldsterben« die Umweltschutzverbände, die für eine Verringerung des Schadstoffausstoßes kämpften. Durch die Elektrifizierung konnte die Bahn als umweltfreundliches Verkehrsmittel wieder punkten: Bereits 1968 hatte die Bundesbahn stolz verkündet: »Unsere Loks gewöhnen sich das Rauchen« ab, ohne damit aber eine dezidierte Umweltpolitik zu verkünden.

Fast hinter dem Rücken der Bahnverwaltungen hatte sich so das Image der Eisenbahn als umweltfreundlichstes Massenverkehrsmittel ausgeprägt, das sie dann nach der ersten Ölpreiskrise von 1973/74 bewusst stärkte. Denn auf den Gebieten der Nachhaltigkeit, der Ressourcenschonung und der Versorgungssicherheit ist die Bahn gegenüber Auto, LKW und Flugzeug erheblich überlegen. Und spätestens seit der Jahrtausendwende, wo im Zuge der Globalisierung die beginnende Debatte um Klimawandel und Rohstoffverknappung erste sichtbare Ergebnisse zeigt, ist weltweit eine »Renaissance« der Eisenbahnen zu beobachten. Ganz bewusst betonen Eisenbahngesellschaften ihre Umweltfreundlichkeit.

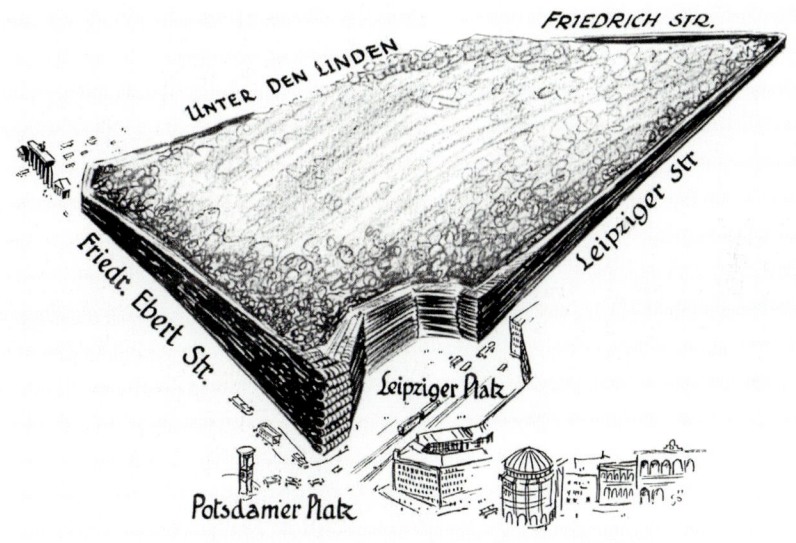

Der Jahresverbrauch der Reichsbahn an Kohlen.

1930 verstand es der Pressedienst der Deutschen Reichsbahn in einer Broschüre mit dem Titel »Täglich 44 mal um den Äquator« die Betriebs- und Verkehrsleistungen unterhaltsam in die Öffentlichkeit zu bringen. Im Jahr 1929 verbrauchte die Reichsbahn über 13,6 Millionen Tonnen Kohle.

**Bergwerk bei Kamen** im Ruhrgebiet, aufgenommen 1950.

**Kohlekraftwerk bei Hamm** ohne Entschwefelungsanlage, aufgenommen 1982.

**Die Folgen der Luftverschmutzung** im Erzgebirge, aufgenommen 1982.

**Absterbende Fichten** über der deutschen Alpenstraße, aufgenommen 1984.

**Ökologisch sensible Gebiete** wie die Alpen können durch eine Verlagerungspolitik von der Straße auf die Schiene geschont werden. In der Schweiz wird dieser Weg am deutlichsten bestritten. Mit dem Autozug wie hier im Jahr 2001 können beide Wege verknüpft werden.

Der Kohlebergbau mit seinen gewaltigen Förder- und Abraumanlagen prägte bis in die 1980er Jahre das Landschaftsbild ganzer Regionen. Während nach dem Zweiten Weltkrieg in der sowjetisch besetzen Zone die elektrischen Anlagen für den elektrifizierten Bahnbetrieb demontiert wurden, stellte man im Westen noch während der Besatzungszeit die Weichen für die Elektrifizierung zum Beispiel des Ruhrgebiets. Dies setzte den Betrieb leistungsstarker Kraftwerke voraus.

Eines der bekanntesten Werbeplakate der Bundesbahn aus dem Jahr 1982, das auf die Diskussion um die Luftverschmutzung reagiert. Präsent war das Thema Umweltschutz beim Werbeamt der Bundesbahn seit den 1970er Jahren.

Das erste Umweltprogramm der Bundesregierung wurde 1971 aufgelegt. Es sollte vor allem die Emissionen von Schwefeldioxid und Stickoxiden deutlich verringern. Auch bei der Bundesbahn erhielten Fragen des Umweltschutzes einen höheren Stellenwert. Mit einer Organisationsanweisung vom Oktober desselben Jahres werden bis auf wenige Ausnahmen alle Umweltfragen in einem Dezernat gebündelt. Die Begründung lautete: »Die Fragen des Umweltschutzes gewinnen durch die fortschreitende Mechanisierung und Technisierung … sowie durch die weitere Verdichtung der Ballungsräume wesentlich an Bedeutung.« Die Umweltkampagnen wandten sich auch an die eigenen Mitarbeiter: Die bundesweit verbreitete Aufforderung, Energie zu sparen, richtete sich an jeden Einzelnen.

Heute werden in Deutschland fast 90 Prozent aller Eisenbahnverkehre elektrisch gefahren. Über ein eigenes Bahnstromnetz können so täglich mehr als 25.000 Züge elektrisch bewegt werden. Für die Stromversorgung werden unterschiedliche Energiearten gemixt. 2010 lag der der Anteil der erneuerbaren Energien bei 18,5 Prozent, der Anteil des aus Stein- und Braunkohle gewonnenen Stroms betrug 45 Prozent. Der $CO_2$-freie Schienenverkehr ist zwar noch ein Traum, aber der Anteil der erneuerbaren Energien am Bahnstrommix wird weiter steigen.

**Strom und Eisenbahn:**
Lebensadern der Moderne.

**Das Wasserkraftwerk in Bad Reichenhall**
war einer der ersten Lieferanten des Bahnstroms. Auch heute wird die modernisierte Anlage von der Deutschen Bahn betrieben.

**Die Neubaustrecke** zwischen Frankfurt und Köln wurde 2002 mit einer Parallelfahrt zweier ICE3 eröffnet. 2007 stellte die Lufthansa ihre Flüge zwischen den beiden Städten ein.

Der Flächenverbrauch der Eisenbahn ist in Deutschland seit 1989 weniger geworden, obwohl auch neue Strecken gebaut wurden. Zugleich wächst aber die Belastung des Menschen durch den Verkehr ganz allgemein. Gerade in Ballungszentren wie dem Rhein-Main-Gebiet oder in landschaftlich sensiblen Gebieten sind Fragen des Flächenverbrauchs und des Lärmschutzes daher heute die großen Herausforderungen für eine umweltgerechte Eisenbahn.

**Im Güterverkehr und beim Rangieren** entsteht der meiste Lärm. Schallschutzwände wie hier in Seelze bei Hannover mindern die Lärmbelastung.

**Die Phonmessung** eines Regional-Express in der Nähe des Bahnhofs Berlin-Schönefeld. Der Spatenstich für den dort geplanten Großflughafen erfolgte 2006.

Zum Erreichen ehrgeiziger Energiesparziele tragen auch die Triebfahrzeugführer der ICE-Flotte bei. Es gibt Strecken auf denen ein ICE auch dann noch pünktlich ist, wenn der Motor schon 50 Kilometer vor dem Ziel ausgeschaltet wird. Auf einer Fahrt von München nach Hamburg kann so viel Energie eingespart werden, wie eine Durchschnittsfamilie in einem ganzen Jahr verbraucht.

Das Biosphärenreservat Schorfheide ist eines der »Fahrziele-Natur« der heutigen Deutschen Bahn. Im Stundentakt fährt ein Zug Richtung Bahnhof Chorin, wo im Sommer auch Fahrräder ausgeliehen werden können.

Die Photovoltaikanlagen tragen die größte Solaranlage der Stadt.

Die Geschäftsidee Leihfahrräder aufzustellen stammt aus der Umweltbewegung. Von der Deutschen Bahn wurde sie mit »Call a Bike« weiterentwickelt.

# Zukunft

# Zukunft

Wie wird die Eisenbahn der Zukunft aussehen, hat sie überhaupt eine Zukunft? Diese Frage zu Beginn des 20. Jahrhunderts zu stellen, wäre absurd gewesen.

Ingenieure, Architekten und Unternehmer suchten nach neuen technischen und unternehmerischen Ideen, um das Verkehrsmittel schneller, sicherer und bequemer zu machen. Immer neue Strecken wurden geplant und gebaut. Alte Träume – wie zum Beispiel von einer Tunnelverbindung zwischen Frankreich und England – erschienen realistisch und wurden im Laufe der Jahre technisch immer ausgereifter. Wenn es möglich war, Tunnel durch die Alpen zu schlagen, warum dann nicht den Meeresboden untergraben? Der Optimismus der Ingenieure war ungebrochen, schließlich waren fast alle Erwartungen in das neue Verkehrsmittel über die Maßen erfüllt worden.

Nur die Hoffnung Friedrich Lists, der von der Eisenbahn als einem »Herkules in der Wiege« sprach, der die Menschen von vielen der Plagen, unter anderen der des Krieges, der Unwissenheit und des Nationalhasses befreien werde, blieb unerfüllt.

Der in Fürth geborene Schriftsteller Bernhard Kellermann (1879–1951) verstand es, diesen Optimismus in das Machbare vor dem Ersten Weltkrieg in seinen Erfolgsroman »Der Tunnel« zu packen. Das Buch wurde in 25 Sprachen übersetzt, zweimal verfilmt und in allen Gesellschaftsschichten gelesen: Die Geschichte handelt von einem Ingenieurheld, der im Auftrag eines Konsortiums eine submarine Verbindung zwischen Europa und den USA baut, durch die dann nach 15 dramatischen Erzähljahren atemberaubend große »Tunneltrains« fahren. Das Thema Eisenbahn war Sciene-Fiction-geeignet.

Aber nicht nur im Roman: Überhaupt gediehen in der Zeit vor dem Ersten Weltkrieg viele technisch inspirierte Zukunftsvorstellungen. Mehr und mehr ging es dabei um die Frage, wie werden bzw. wie sollen die Menschen in der Zukunft wohnen und leben. Dabei kam dem hoch technisierten, geschwindigkeitsbetonten Verkehrswesen eine tragende Rolle zu. Es war die Voraussetzung für die Planung neuer Städte und Siedlungsformen, die eine Trennung von Wohnen und Arbeiten für erstrebenswert hielt.

Dieser Fortschrittsoptimismus rettete sich nur gebrochen über den Zweiten Weltkrieg. Mit der rasend schnellen Verbreitung des motorisierten Individual- und Güterverkehrs gewann immer mehr die Frage an Bedeutung, wie sich die unterschiedlichen Verkehrsträger optimal miteinander verbinden lassen. In seinem Roman hatte Kellermann seinen Helden noch kurz vor Fertigstellung des Tunnelprojekts schreiben lassen: »Ich muß indessen bekennen, dass mich die Zeit überholt hat. Motorschnellboote fahren heute in zweieinhalb Tagen von England nach New York, die deutschen Riesenluftschiffe überfliegen den Atlantic in sechsunddreißig Stunden.« Ähnlich ging es auch den Protagonisten des Schienenverkehrs, die sich von einer wachsenden Begeisterung für den Individualverkehr herausgefordert sahen.

In heutigen Zukunftsromanen oder Kinofilmen ist von Cyber City, Digital City oder Telepolis die Rede. Hier ist die Zukunft hell und licht, Datenströme umsorgen den Menschen. Über unseren persönlichen Lebenscomputer können wir nicht nur unseren Kühlschrank füllen lassen, sondern auch eine optimale, selbstverständlich ökologisch sinnvolle und bequeme Mobilität organisieren. Die könnte allerdings immer weniger notwendig sein, denn vieles im täglichen privaten und beruflichen Leben könnten wir online erledigen, die Arbeit, die Einkäufe, die Gespräche mit unseren Freunden. Die Konsequenz wäre: Nicht der Mensch muss sich bewegen, sondern die Gegenstände und Dienstleistungen. Den demographischen Wandel in Europa mitgedacht, müsste eigentlich der Individualverkehr abnehmen, müssten die U- und S-Bahnen leerer und Verkehrsflächen zurückgebaut werden.

Gleichzeitig signalisieren ambitionierte Infrastrukturpläne zum Zusammenwachsen der Europäischen Union das Gegenteil und wie in den letzten 175 Jahren wird intensiv über die Zukunft der Mobilität nachgedacht. Dabei spielt die Cyberwelt mit ihren Möglichkeiten schneller Informationsübermittlung und dem leichteren Zugang zum schienengebundenen Verkehr eine immer größere Rolle. Güter und ihre Wege werden elektronisch überwacht, Menschen kaufen keine Fahrkarten mehr, sondern reisen mit elektronischen Tickets. Auch wenn man in der Cyberwelt eher dahingleitet als sich in einen Zug zu setzen, werden neue Antriebstechniken und Designs für den schienengebundenen Verkehr entworfen, neue Geschäftsmodelle entwickelt. Die Eisenbahn – auch wenn ihr Name so rettungslos nach 19. Jahrhundert klingt – ist dabei eine feste Größe. Andere Mobilitätstechnologien wie die Magnetschwebetechnik haben sich in Europa nicht durchsetzen können. Das Rad-Schiene-System dagegen ist bis heute vor allem hinsichtlich seiner irdischen Nachhaltigkeit unschlagbar, auch wenn man manchmal träumt: »Beam mich rauf, Scotty«.

Die Idee einer Einschienenbahn war ebenfalls eine Erfindung aus dem 19. Jahrhundert. Viele Konstruktionsprinzipien waren denkbar. 1909 veröffentlichte der Verleger August Scherl (1849–1921) seine Streitschrift für das Projekt einer Einschienen-Schnellbahn, die Geschwindigkeiten bis zu 200 km/h erreichen sollte. Das Konstruktionsprinzip fand sich dann im Science-Fiction-Roman »Der Tunnel« bei Kellermann wieder. Die Einschienenbahn wurde in verschiedenen Varianten erprobt und gebaut.

Die Zukunftsvisionen in den 1960er Jahren sind noch in der ersten Hälfte des 20. Jahrhunderts beheimatet. Die Grafik des Nürnberger Malers und Illustrators Heinz Kuch (1893–1976) zeigt die Zukunftsvisionen von Schnellbahnen.

Die von Scherl entworfene Karte eines möglichen Schnellbahnsystems zur Verbesserung des Personenverkehrs war dem Blutadersystem nachempfunden. Die roten Linien markierten gradlinige Hauptbahnen mit 200 km/h schnellen Eisenbahnen. Das Zubringernetz, das entsprechend zur Bevölkerungsdichte die Karte bedeckt, stellen Nebenbahnen (blaue Linien), sowie Zweigbahnen (schwarze Linien) und nichtverzeichnete Stadtbahnnetze und Omnibuslinien dar. Die Vernetzung sollte die Wartezeiten gering halten und die Verbindung zwischen Provinz und Großstadt verbessern.

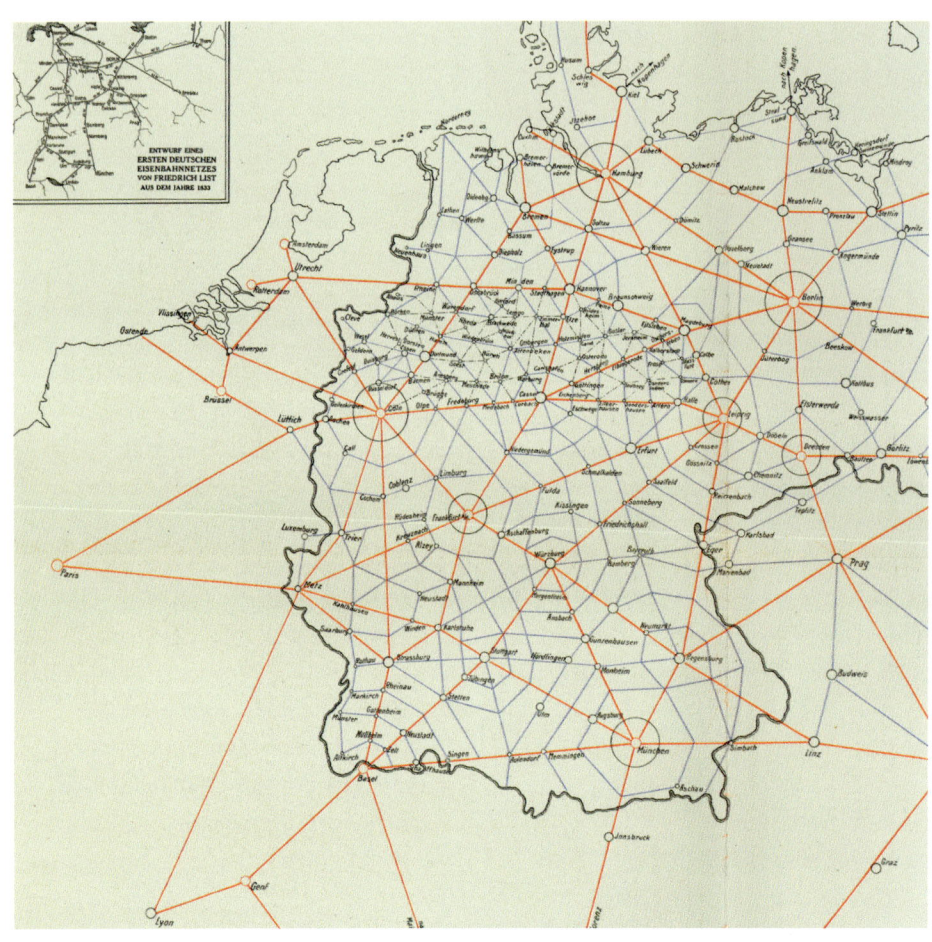

**Trans-European Transport Network**

priorisierte Eisenbahninfrastrukturprojekte
im europäischen Güter- und Personenverkehrsnetz

Stand: Mai 2010

Die Europäische Kommission fördert gemeinschaftlich den Ausbau der Eisenbahninfrastruktur. Über die Priorisierung ausgewählter Projekte wird die Steigerung der Leistungsfähigkeit des europäischen Schienennetzes voran getrieben.

In den USA wird immer wieder über neue Hochgeschwindigkeitsstrecken nachgedacht. Unter der Regierung Obama wird über ein nationales Hochgeschwindigkeitsnetz beratschlagt, um eine umweltschonende Alternative zu Auto und Flugzeug zu bieten, aber auch um Arbeitsplätze zu schaffen.

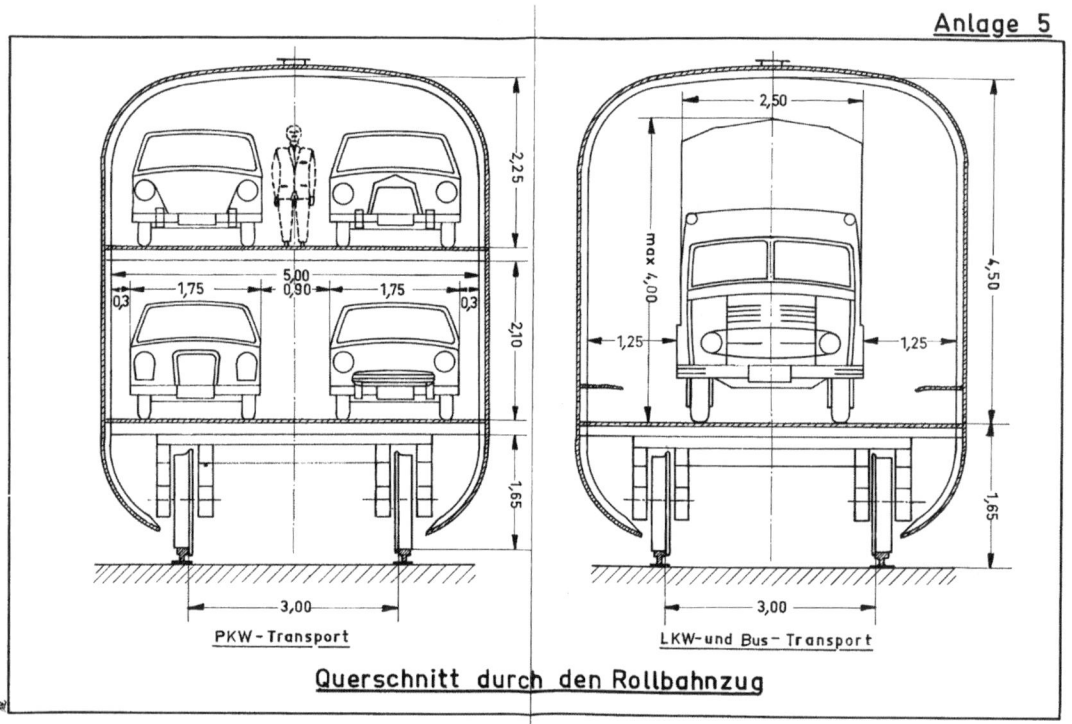

Querschnitt durch den Rollbahnzug

Einfahrt von Pkw in den Rollbahnzug

In den 1960er Jahren entwickelte Professor Wolfgang Bäsler (1888–1984) im Auftrag des Bundesverkehrsministeriums »Grundzüge für den Entwurf einer maschinellen Straßenbeförderungsanlage (Rollbahn) in verkehrlicher, baulicher und betrieblicher Hinsicht zur Entlastung überfüllter Autobahnen«. Bäsler war unter anderem Leiter des Entwicklungsbüros der Deutschen Reichsbahn, bevor er nach dem Krieg an der TU München lehrte.

In der Zugstudie »Diveria« wird die Schienengebundenheit beim Rangieren aufgehoben. Vorstellbar ist, dass ein Hubwagen mittels elektromagnetischer Schienen völlig autonom die gewünschte Zuglänge und Komposition unterschiedlicher Wagen herstellt.

Das Zwei-Wege-Fahrzeug ist wieder in den Köpfen. Der »Blade Runner« ist ein von der britischen Firma Silvertip Design entwickeltes Fahrzeug für Schiene und Straße. Anders als frühere Fahrzeuge kann der »Blade-Runner« den Andruck von Straßen- und Schienenräder verändern und dadurch sehr energiesparend fahren. Zur Modellreife hat das Fahrzeug es schon geschafft.

Die engere Verknüpfung der verschiedenen Verkehrsträger ist der Zukunftstrend. Mit GPS-gesteuerten Systemen wird die gesamte modale Kette, vom Fahrrad zum Fernzug, vom Hubwagen zum Containerschiff, optimal verzahnt. Aus Konkurrenz wird so Kooperation, aus einem Nebeneinander der Verkehrsträger ein Miteinander.

**Seit langem wird versucht,** den Blick aus dem Zugfenster zu erweitern. Doch Statik und Sonnenlicht setzten dem Vorhaben bisher Grenzen. Neue Werkstoffe könnten dies ändern. So sieht die Studie SUREOT als Zentrum ihres Zuges eine »Lichtung« vor, die einen grandiosen Panoramablick ermöglicht.

**Die Designer der Studie** haben einen barrierefreien Zug entworfen. Breite, stufenfreie Einstiege und variable Sitze erleichtern Senioren den Zugang und ermöglichen Rollstuhlfahrern, ohne Hilfe zu reisen. Damit trägt die Studie dem wachsenden Anteil von Menschen Rechnung, die in ihrer Mobilität eingeschränkt sind.

**Wie werden die Züge von morgen aussehen,** aus welchen Materialien werden sie gebaut? Eine Designstudie der Fachhochschule in Graz entwickelt die Skelettbauweise weiter.

Bahnhöfe wurden einst als »Kathedralen des Fortschritts« bezeichnet. Seit Ende des 20. Jahrhunderts entstehen wieder neue, architektonisch ansprechende Bahnhofsbauten. Neben ihrer Funktion als Service-Zentrum wird besonders ihre Rolle als modale Schaltstelle zwischen Individual- und öffentlichem Verkehr sowie zwischen Luft- und Bodenverkehr an Bedeutung gewinnen.

Skizze des 2009 eröffneten Bahnhofs Lüttich-Guillemis. Der spanische Architekt Santiago Calatrava entwarf den Bahnhof für Fernschnellzüge in Belgien, dessen spektakuläre Dachkonstruktion vor den Toren der Stadt zu einem neuen Wahrzeichen Lüttichs wurde.

Skizze der Bahnsteighalle für den geplanten Durchgangsbahnhof in Stuttgart. Die Verlegung von Bahnhöfen unter die Erde ist eine alternative zu oberirdischen Gleisanlagen inmitten der Städte.

Mehrstöckiger Bahnhof für Qatar; nachdem über Jahrzehnte die Eisenbahn in Arabien keine Rolle mehr spielte, werden heute vor allem in den Ölstaaten wieder Eisenbahnstrecken geplant.

Schon heute gibt es in vielen Städten fahrerlose U-Bahn-Systeme. In Dubai wird das gesamte S-Bahn-Netz mit solchen Zügen bedient. Auch moderne Fernzüge könnten theoretisch ohne Fahrer gesteuert werden. Doch noch kann sich niemand vorstellen, ohne Lokführer in einem Zug mit Tempo 300 mehrere Stunden zu reisen.

Solarenergie für Züge? Die Initiative »Solar Bullet Train« in Arizona wirbt für die Idee einer derartigen, 185 km messenden Linie von Tucson nach Phoenix im US-Wüstenstaat Arizona. Die Züge sollen durch Solarzellen, die als Dach über dem Fahrweg angebracht sind, mit Energie versorgt werden.

# Faszination

# Faszination

Mit dem legendären »Orient-Express« von Paris nach Istanbul oder der Transsibirischen Eisenbahn über 9.000 Kilometer von Moskau bis nach Wladiwostok einmal quer durch Russland – von solchen Reisen wagte in den Anfangstagen der Eisenbahn noch niemand zu träumen. Aber die nur wenige Kilometer langen Eisenbahnstrecken, die in den 1830er Jahren zunächst in Europa und Amerika gebaut worden waren, hatten sich bereits Ende des 19. Jahrhunderts auf allen Kontinenten zu engmaschigen Liniennetzen entwickelt; heute ist dieses weltweite Eisenbahnnetz rund 1,2 Millionen Kilometer lang, man könnte darauf dreißig Mal die Erde umrunden. Reisende, die über das nötige Geld verfügten, waren auf einigen dieser Strecken schon früh nicht nur in »normalen« Zügen unterwegs, sondern genossen die Fahrt in luxuriösem Ambiente: Schlaf- und Speisewagen verwandelten die Züge in rollende Hotels, ihre Heizungen und Beleuchtungen entsprachen dem neuesten Stand der Technik. Vor allem in Nordamerika bemühten sich die Eisenbahngesellschaften in der zweiten Hälfe des 19. Jahrhunderts um immer mehr Bequemlichkeit. Die berühmten Pullmanwagen hatten komfortable Sitze und Schlafkojen und konnten wie Bibliotheken oder Spielzimmer eingerichtet werden. Fasziniert von dieser Idee des Unternehmers George Mortimer Pullman (1831–1897), der in den USA ein eigenes Imperium von Nachtzügen aufgebaut hatte, brachte der Belgier Georges Nagelmackers (1845–1905) das Geschäftsmodell auch nach Europa. 1874 gründete er die »Compagnie Internationale des Wagons-Lits« (CIWL). In den folgenden Jahren wurde diese zum Synonym für international verkehrende Schlaf- und Speisewagen sowie Luxuszüge wie den berühmten »Orient-Express«, der mit Paris und Istanbul den Okzident mit dem Orient verband, und den »Blue Train« in Südafrika. Seit 1894 sorgte eine Tochtergesellschaft des Unternehmens mit Luxushotels wie dem »Grand Hotel des Wagons-Lits« am damaligen Endpunkt der Transsibirischen Eisenbahn in Peking auch am Ankunftsort für die Bequemlichkeit der wohlhabenden Kundschaft. Die CIWL betrieb seit der ersten Fahrt des »Orient-Express« 1883 alle Luxuszüge in Europa bis zur Zäsur des Ersten Weltkriegs. Nachfolgend enteignete die Sowjetunion ihre Einrichtungen und mit der 1916 in Deutschland gegründeten Mitropa erwuchs ein ernsthafter Konkurrent. Seit 1928 konnte auch die 1920 gegründete Deutsche Reichsbahn mit einem eigenen Luxuszug, dem »Rheingold«, aufwarten. Diesen bewarb sie, da die alten Strukturen des Eisenbahntourismus durch den Krieg zerschlagen worden waren, verstärkt auch in eigenen Reisebüros in New York, London und Paris. Der Mythos der Luxuszüge, den der »Orient-Express« und der »Rheingold« mitgeprägt hatten, verlor auch nach dem Zweiten Weltkrieg nichts von seiner Strahlkraft, was sich in zahlreichen großen Romanen und Kinofilmen der Zeit widerspiegelt. Allen voran Boris Pasternaks Doktor Schiwago, der im gleichnamigen Film mit der Transsibirischen Eisenbahn von Moskau in die fiktive Stadt Jurjatin reiste, um dort die revolutionären Unruhen unbeschadet zu überstehen. Der 1957 in Italien erschienene Roman und der 1965 fertig gestellte Film locken Touristen bis heute auf die Transsibirische Eisenbahn. Auf Schiwagos Spuren reisen sie von Moskau bis in den äußersten Osten Europas nach Perm, dem Vorbild für das fiktive Jurjatin.

Wie kaum ein zweiter setzte Alfred Hitchcock die dramaturgischen Möglichkeiten der Eisenbahnreise filmisch um. Meisterwerke wie »Eine Dame verschwindet«, »Der Fremde im Zug« und »Der unsichtbare Dritte« brannten unvergessliche Szenen, wie sie nur ein echter Eisenbahnfan drehen konnte, ins kollektive Gedächtnis des Publikums. Glaubt man den Erinnerungen Hitchcocks, hat er sich bereits als Kind die Zeit mit dem Studium von Kursbüchern vertrieben und es bereitete ihm keine Probleme, sämtliche Stationen des »Orient-Express« aufzusagen. Nicht weniger eindrücklich wurde letzterer in Agatha Christies 1974 mit großem Starensemble verfilmten Kriminalroman »Mord im Orient-Express« zum Ort eines raffinierten Verbrechens. Die berühmten Züge und Strecken haben auch den Sprung ins digitale Zeitalter geschafft. Wer einmal mit der Transsibirischen Eisenbahn fahren möchte, muss die eigenen vier Wände nicht mehr verlassen: Dank einem Video-Projekt von Google kann man die über 9.000 Kilometer bequem am heimischen Computer zurücklegen – in Echtzeit.

Die Faszination der Bahnreise wurde nach dem Ersten Weltkrieg wieder neu belebt. In den späten 1920er und frühen 1930er Jahren warb die Deutsche Reichsbahn-Gesellschaft für Reisen nach Deutschland – in London und Paris ebenso wie im New Yorker Tourismusbüro.

»Dilettantisches Reisen« sollte ein Ende haben, versprach das Mitteleuropäische Reisebüro im Editorial seiner ersten Kundenzeitschrift. Das Reisebüro, an dem verschiedene Reiseunternehmer und Eisenbahngesellschaften beteiligt waren, versprach die Kunst des Reisens zu beherrschen – ein Versprechen für friedliche Zeiten. Die Schlaf- und Speisewagengesellschaft Mitropa stellte den Reisenden mehr als gepflegte Langeweile in Aussicht.

**Die Eisenbahn und der Film** gehören zusammen. Alfred Hitchcock bereitete das Zusammenspiel großes Vergnügen.

**»Der unsichtbare Dritte«** mit Cary Grant und Eva Marie Saint.

**Geraldine Chaplin** als Tonya in »Doktor Schiwago«.

**Das gesamte Ensemble** des Films »Mord im Orient-Express«.

**Bequem und behaglich** sollte eine Reise mit der internationalen Liegewagengesellschaft sein. Das Betreiberkonzept der CIWL für ihre großen europäischen Zugverbindungen orientierte sich an den Luxushotels des späten 19. Jahrhunderts. Dementsprechend wurde es auch beworben.

**Das sowjetische Intourist Reisebüro** setzte nach seiner Gründung 1929 ganz auf die revolutionäre Avantgarde. Mit seinen Plakaten warb es nicht nur für eine der längsten Eisenbahnstrecken der Welt sondern auch für eine neue dynamische Gesellschaft.

**Mit dem TEE** knüpfte die Deutsche Bundesbahn an die Tradition der Vorkriegsluxuszüge an. Seit 1957 verband der »Trans Europa Express« einige europäische Hauptstädte. Das elegante Äußere der Fahrzeuge sowie die hochwertige Ausstattung sorgten für eine enorme Popularität des erstklassigen Zuges, der sich schnell zu einem Symbol für ein grenzenloses Europa entwickelte.

**Der Schnelltriebwagen SVT 18.16** weckte in der DDR das Fernweh. Er wurde für den Zug »Vindobona« eingesetzt, der die Strecke nach Prag und Wien und später auch Richtung Kopenhagen fuhr. Westliche Reiseziele blieben jedoch vielen DDR-Bürgern unerreichbar.

Der »Train Bleu« bei seiner Einweihungsfahrt in Nizza. Mit seinen feinen, blauen Ganzstahlwagen war er ein echter Luxuszug. Seit den 1920er Jahren brachte er die Reichen und Schönen von Calais aus an die französische Riviera.

Der legendäre »Flying Scotsman« verband England und Schottland. Mit den sehr großen Klasse A3-Schnellzuglokomotiven erreichte man von London aus in rund acht Stunden Edinburgh über die bereits in den 1920er Jahren eingerichtete 623 km lange Strecke.

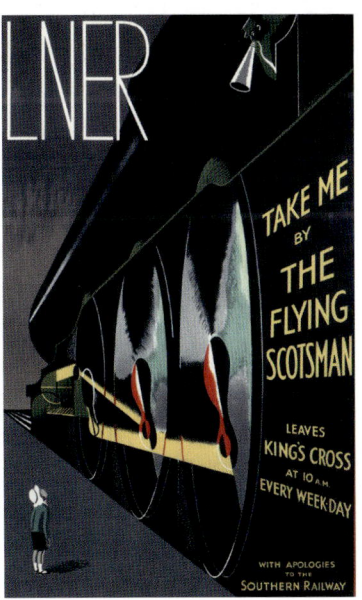

Eisenbahnreisen über weite Strecken sind in den USA inzwischen selten. Doch die legendären Züge bleiben in Erinnerung. Der »Broadway Limited«, ein Schlafwagenzug, fuhr von New York nach Chicago. Dort startet heute noch der »California Zephyr«. Der 1949 eingerichtete Luxus-Überlandzug verkehrt auf einer fast 4.000 km langen Strecke. Seine landschaftlich spektakuläre Route führt durch die Rocky Mountains und die Sierra Nevada bis nach San Francisco.

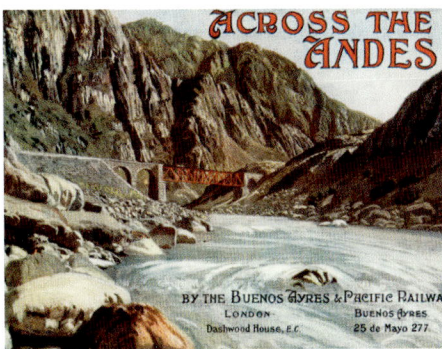

**Die Andenbahn** ist sicherlich eine der spektakulärsten Strecken auf unserem Planeten. Die bereits von 1880–1902 erbaute normalspurige »Ferrocarril Central« von Lima nach Huancayo weist mehr als zehn Spitzkehren auf. Der höchste Punkt der Linie liegt auf 4.781 Meter Höhe.

Noch 1930 war eine Eisenbahnfahrt durch den afrikanischen Kontinent möglich.

Als Inbegriff des Luxus gilt auch heute noch der südafrikanische »Blue-Train«. Ein rollendes Hotel durch Südafrika.

Bereits 1832 plante der Kalif von Ägypten und Sudan Muhammad Ali Pasha al-Mas'ud ibn Agha eine Eisenbahnstrecke vom Mittelmeer bis nach Indien. Von Kairo bis Assuan – hier eine Aufnahme aus dem Jahr 1880 – führt die heute noch befahrbare älteste Eisenbahn auf dem afrikanischen Kontinent.

Japans berühmtester Berg und bekannteste Eisenbahnlinie haben sich in das Gedächtnis vieler Touristen eingeprägt. Bis heute ist eine Fahrt mit dem »Shinkansen« von Tokio nach Osaka eine Attraktion.

Nachdem in China im Auftrag englischer und deutscher Kolonialherren des 19. Jahrhunderts Eisenbahnstrecken gebaut wurde, investiert die Volksrepublik heute massiv in den Schienenverkehr. 2006 eröffnete die Tibet-Bahn. Die phantastisch gelegene Strecke verbindet Peking mit Lhasa.

**Australien** wird von zwei langen Eisenbahnrouten durchzogen: Leidenschaftliche Eisenbahnfreunde fahren von Ost nach West, von Sydney nach Perth, mit dem »Indian Pacific« und von Süd nach Nord, von Adelaide nach Darwin, mit dem »Ghan«.

# Nachweise

### Einführung
Susanne Kill, Ursula Bartelsheim
(Text und Bildauswahl)
*Literaturnachweis:*
*Max Maria Freiherr von Weber,* Die Schule des Eisenbahnwesens. Kurzer Abriß der Geschichte, Technik, Administration und Statistik. Leipzig 1857, S. VIIf.; Festgabe zur Gedächtnißfeier des fünfundzwanzigjährigen Bestehens der kgl. Priv. Ludwigs-Eisenbahn Nürnberg–Fürth. Den hochverehrten Gästen gewidmet am 7. Dezember 1860. O.O., o.J.; Bericht über die am 7. Dezember 1885 stattgehabte 50jährige Jubelfeier der Ludwigs-Eisenbahn. Nürnberg o.J. (1885); *Heinrich von Treitschke,* Deutsche Geschichte im neunzehnten Jahrhundert, Berlin 1879–1894. Zit. nach Band 4, ND. Leipzig 1928, S. 570; Hundert Jahre deutsche Eisenbahn. Jubiläumsschrift zum hundertjährigen Bestehen der deutschen Eisenbahnen. Hrsg. von der Hauptverwaltung der Deutschen Reichsbahn. Berlin 1935; Uns gehören die Schienenwege: Eine Festschrift des Ministeriums für Verkehrswesen der Deutschen Demokratischen Republik zum 125jährigen Jubiläum der Eisenbahnen in Deutschland. Berlin 1960; Zug der Zeit – Zeit der Züge: Deutsche Eisenbahn 1835–1985. Berlin 1985.
*Bildnachweis:*
Medaille – DB Museum; Modell – DB AG/Thomas Langner; Titel und Plakat Bundesbahn – DB Museum; Montage – DB Museum/Klaus Mosch.

### Anfänge
Susanne Kill (Text und Bildauswahl)
*Literaturnachweis:*
*Adolph von Schaden,* Berlins Licht- und Schattenseiten. Berlin 1822, S. 52f.; *Joseph von Baader,* Die Unmöglichkeit Dampfwagen auf gewöhnlichen Straßen mit Vortheil als allgemeines Transportmittel einzuführen, und die Ungereimtheit alle Projekte die Eisenbahnen dadurch entbehrlich zu machen. Nürnberg 1935, S. III; *Fanny Kemble,* Records of a Girlhood. New York 1874, S. 279–286.
*Bildnachweis:*
Stockton–Darlington – Science Museum/SSPL; Fanny Kemble – Library of Congress Washington; Moorish Arch – National Railway Museum York; Post- und Reisekarte – Stiftung Kommunikation; Nürnberg–Fürth – bpk; Leipzig–Dresden – bpk; Berlin–Potsdam – bpk; Karte Herzogtum Braunschweig – Bibliothek TU-Braunschweig, Elberfeld – akg images; Eisenbahnkarte – DB Museum.

### Adler, Rocket & Co
Joachim Breuninger, Susanne Kill
(Text und Bildauswahl)
*Bildnachweis:*
Originalzeichnung Rocket – National Railway Museum York; Blaupause Adler – DB Museum; Rocket in Nürnberg – alle Abb.: DB AG/Claus Weber; Sans

Pareil – DB Museum/Klaus Mosch; Novelty – DB Museum/Klaus Mosch; Marc Seguin – DB Museum/Klaus Mosch; Konstruktionszeichnung – Association pour la Reconstitution et la Préversation du Patrimonie Industriel, Paris; Adler – DB Museum/Klaus Mosch; Probefahrt Adler 1935 – Historische Sammlung DB AG; Saxonia – DB Museum/Klaus Mosch; Modell Saxonia 1934 – Historische Sammlung DB AG/DB Museum; Beuth – DB Museum/Klaus Mosch; Liacon – DB Museum/Klaus Mosch; Gamle Ole – DB Museum/Klaus Mosch; Baureihe 10 – DB Museum/Klaus Mosch.

## Kapital

Ursula Bartelsheim (Text und Bildauswahl)

*Bildnachweis:*

Aktionärsverzeichnis und Aktie Ludwigs-Eisenbahn- DB Museum; Aktie Stockton–Darlington – National Railway Museum York; Aktie Baltimore & Ohio Railroad – Borail Museum; Pferdekraft – ullstein bild; Gründungskomitee Tilsit-Insterburg – DB Museum; Portrait Strousberg – bpk; Berliner Börse – akg images; Aktie Berliner Nordeisenbahn, Badische Staatsanleihe Aktie Ostindische Eisenbahn, Aktie La Haute Sangha, Aktie Guayaquil – alle: Sammlung Johannes Glöckner; Aktie Lyon-Genf, Sammlung Peter Christen; Portrait Vanderbilt – akg images; Karikatur Erie-Eisenbahn, Granger Collection, ullstein bild; Aktie Bagdadbahn – Historisches Archiv der Deutschen Bank; Aktie Northern Pacific – DB Museum; Karikatur Siemens – Historisches Archiv der Deutschen Bank; Streckennetz 1882 – DB Museum; Wissmann/Dürr und Gründungsdokument – Historische Sammlung DB AG; Schmuckanleihe – http://cgi.ebay.at/100-DM-Schmuckanleihe-Deutschen-Bahn-DB-2001-/320581519146; Embleme und Logos – Historische Sammlung DB AG.

## Arbeit

Susanne Kill (Text und Bildauswahl)

*Literaturnachweis:*

Encyklopädie des gesamten Eisenbahnwesens in alphabetischer Anordnung. Hrsg. von Victor Freiherr von Röll. Leipzig 1890–1895 in 7 Bänden.

*Bildnachweis:*

Personal Donauwörth, Personal Eger, Arbeiter Ludwigs-Eisenbahn, Personal Fürth, Dienstvertrag Wilson – alle: DB Museum; 1929: Verständiges Handeln, Einzelfall, EV § 23, Gewöhnung, Willensbildung, Verständiges Handeln, Unterbrochene Vorstellung, Unterbrochene Aufmerksamkeit – alle: Historische Sammlung DB AG; Lehrlingsausbildung zwischen 1949 und 1955 – alle: Historische Sammlung DB AG; Gruppe Auszubildender, DB AG/Heiner Müller-Elsner; Mechatroniker-Ausbildung – DB AG/ Dieter Chlouba; Instandhaltung – DB AG/Max Lautenschläger; Gleisbau – DB AG/Bernd Lammel.

## Zeit

Stefan Ebenfeld, Steffen Koch
(Text und Bildauswahl)

*Literaturnachweis:*

*Reinhart Koselleck*, Gibt es eine Beschleunigung der Geschichte? in: ders., Zeitschichten. Studien zur Historik. Frankfurt am Main 2000, S. 150–176, S. 157; *Graf Helmuth von Moltke*, Gesammelte Schriften und Denkwürdigkeiten des General- Feldmarschalls Grafen Helmuth von Moltke. Bd. 7.: Reden des General-Feldmarschalls Grafen Helmuth von Moltke. Berlin 1892.

*Bildnachweis:*

Fahrplan Großherzogliche Badische Eisenbahnen, Diagramm Nürnberg – Atlantikküste, Extrafahrt Gewerbeausstellung Berlin 1879 – alle: DB Museum Nürnberg; Uhrentürme, Rangierbahnhof Chemnitz, Uhrenzentrale Berlin – alle: Historische Sammlung DB AG; Graf von Moltke und Mitglieder der Reichstagsfraktion – bpk; Orte der Zeitplanung – alle: DB Museum; Abfahrtstafel Karlsruhe – DB AG/Gustavo Alabiso; Zeiterfahrung Warten – alle: Historische Sammlung DB AG; Verkauf Reiselektüre –Historische Sammlung DB AG; Lesende Damen – DB Museum; Lesendes Mädchen – DB AG/Max Lautenschläger; Vorlesen in der S-Bahn – DB AG/Pablo Castagnola; Logo Reisezeit ist Lesezeit – Stiftung Lesen; Plakat 2-Stunden-Takt – DB Museum.

## Gewalt

Rainer Mertens, Susanne Kill
(Text und Bildauswahl)

*Literaturnachweis:*

*Friedrich Harkort,* Die Eisenbahn von Minden nach Köln. Hrsg. u. eingeleitet von Wolfgang Köllmann. ND Hagen 1961; Das Gleis. Die Logistik des Rassenwahns. Hrsg. von den Museen der Stadt Nürnberg und dem Dokumentationszentrum Reichsparteitagsgelände. Nürnberg 2010; *Nicolaus Hirsch, Wolfgang Lorch et al.,* GleisTrack 17. Berlin, New York 2009.

*Bildnachweis:*

U.S. Military Railroads, Atlanta, Eisenbahnbrücke am Cumberland River, Feldkoch – alle: U.S. Library of Congress; Truppentransport mit Dame – DB Museum; Truppentransportzug Königlich Bayerische Staatsbahn, Panzerzug – picture alliance; Zeichnungen von A. Paul Weber aus dem »Ehrenbuch der Feldeisenbahner« – alle: DB Museum; Dorpmüller, Reichsparteitag 1935, Rückwanderertransport, Lazarettzug – alle: DB Museum; Deportationstransport aus Westfalen – Stadtarchiv Bielefeld; Deportation aus Wiesbaden – Fotosammlung Rudolph; Hauptbahnhof Kiew – Deutsches Historisches Museum, Berlin; Sowjetische Kriegsgefangene – Staatliches Historisches Museum Moskau; Innenaufnahmen der Ausstellung »Das Gleis« – Dokumentationszentrum Reichsparteitagsgelände/Max-Heinrich Müller; Mahnmal Gleis 17 – Christian

Bedeschinski; St. Pancras Station– Science Museum/SSPL ; Anhalter Bahnhof – bpk.

## Tempo
Rainer Mertens (Text und Bildauswahl)
*Literaturnachweis:*
*Peter Borscheid*, »Das Tempo-Virus«. Eine Kulturgeschichte der Beschleunigung. Frankfurt am Main 2004; *Siegfried Kracauer,* Im »Fliegenden Hamburger« (1.1.1933), in: Berliner Nebeneinander. Ausgewählte Feuilletons 1930–1933. Hrsg. von Andreas Volk. Zürich 1996, S. 302–305.
*Bildnachweis:*
Studiengesellschaft – Sammlung Alfred Gottwaldt, Berlin; Versuchsfahrt – ullstein bild; Schnellzuglokomotive S2/6 – DB Museum; Raketenwagen – Adam Opel AG; Schienenzeppelin – Sammlung Alfred Gottwaldt, Berlin; Schnelltriebwagen – Sammlung Liebing & Thieme; London & North Eastern Railway – Sammlung Arnold Haas; Mallard – ullstein; Dampflokomotiven Typ J-3a – Sammlung Arnold Haas; Shinkansen – Sammlung Alfred Gottwaldt, Berlin; Streckenlokomotiven – DB Museum; Bundesbahn-Triebzug ET 403 – DB Museum; TGV – SNCF; Inter-City-Experimental – DB Museum; Neubaustrecke Thüringen und Nürnberg Ingolstadt – DB AG/Frank Kniestedt, DB AG/Claus Weber; ICE 3 in St. Pancras – DB AG/Bartlomiej Banaszak; ICE 3 in Paris – DB AG/ Le Roux; TGV auf Neubaustrecke - DB AG/Claus Weber; Velaro in China, Russland, Spanien – Siemens AG; ICE 3 – DB AG/Stefan Warter.

## Güter
Ursula Bartelsheim (Text und Bildauswahl)
*Bildnachweis:*
Rangierbahnhof Maschen – DB AG/Heiner Müller-Elsner; Containerhafen – DB AG/Schenker; Billwerder – DB AG/Günter Jazbec; Stückgutverladebahnhof, Hauptgüterbahnhof Frankfurt am Main, Verladen in Kitzingen – alle Abb. DB Museum; Gütertransport Liverpool – Manchester , Science Museum/SSPL; Gütertransport Dresden–Leipzig – DB Museum; Kesselwagen, Straßenroller, Container, vieltüriger Container – DB Museum; Haus-zu-Haus-Container – Science Museum/SSPL; Umladung Container – ullstein bild; Malcolm McLean – Getty images; Fairland – Deutsches Schifffahrtsmuseum Bremen; Terminal Duisburg, DB AG/Michael Neuhaus, Containerverladung–DB AG/Schenker, Doppelstock-Containerzug – ullstein bild.

## Räume
Steffen Koch, Ulrike Gierens (Text und Bildauswahl)
*Literaturnachweis:*
*Wolfgang Schivelbusch,* Geschichte der Eisenbahnreise. Zur Industrialisierung von Raum und Zeit im 19. Jahrhundert. München 1977; Bund Deutscher Architekten BDA, Deutsche Bahn AG, Förderverein Deutsches Architekturzentrum DAZ in Zusammenarbeit mit Meinhard von Gerkan (Hrsg.): Renaissance der Bahnhöfe. Die Stadt im 21. Jahrhundert. 2. Auflage, Berlin 1997; *Axel Föhl,* Der Kern gigantischer Sterne mit Strahlen aus Eisen, ebd., S. 195; *Meinhard von Gerkan,* Renaissance der Bahnhöfe als Nukleus des Städtebaus, ebd., S. 27; *Dieter Bartetzko,* Reise in die Vergangenheit. Bahnhofsbau im Dritten Reich, ebd., S. 210; *Heinz Dürr,* Bahn frei für eine neue Stadt, ebd., S. 14.
*Bildnachweis:*
Hauptbahnhof Berlin – DB/AG Christian Bedeschinski; St. Pancras, Liverpool – beide Abb.: Science Museum/SSPL; Nürnberg, Fürth – beide Abb.: DB Museum; Potsdamer Bahnhof – bpk; Dresdner Bahnhof, Bayerischer Bahnhof – beide Abb.: DB Museum; Stettiner Bahnhof, Anhalter Bahnhof, Kontrolle Bahnsteig – alle Abb.: Historische Sammlung DB AG; Figuren Hauptbahnhof Frankfurt – Institut für Stadtgeschichte Frankfurt am Main; Innenansicht Hauptbahnhof Frankfurt, Hauptbahnhof Frankfurt – DB Museum; Innenansicht Hauptbahnhof Leipzig, Außenansicht zerstörter Querbahnsteig, Wartesaal, Berufsverkehr, Bau Hauptbahnhof Leipzig – alle Abb.: Historische Sammlung DB AG; Skizze Mendelsohn – bpk/Kunstbibliothek; Bahnhof Zoologischer Garten – Historische Sammlung DB AG; Bahnhof Heidelberg – DB Museum; Bahnsteig Bahnhof Friedrichstraße – DB AG/Claus Weber; Bahnhof Friedrichstraße – DB AG/Alfred Schulz; Hauptbahnhof München – DB Museum; Bahnhof Cottbus – Historische Sammlung DB AG.

## Umwelt
Susanne Kill, Joachim Breuninger
(Text- und Bildauswahl)
*Literaturnachweis:*
*Hans Graff,* Haftung der Eisenbahnen in Preußen für den durch Funkenflug an Wald und Wild entstandenen Schaden unter besonderer Berücksichtigung des Verschuldens des Geschädigten und der Stellung der gefährdeten Hypothekengläubiger. Diss. Erlangen 1913; Täglich 44 mal um den Äquator. Betriebs- und Verkehrsleistungen der Deutschen Reichsbahn (Bücher von der Reichsbahn, Heft 8). Hrsg. vom Pressedienst der Reichsbahn, Berlin 1930.
*Bildnachweis:*
Postkarte – Sammlung Alfred Gottwaldt, Berlin; Bahnhof Charlottenburg – bpk/Bernd Lohse; Stettiner Bahnhof – ullstein bild; Bahnkraftwerk Muldenstein – Historische Sammlung DB AG; Bergwerk bei Kamen – bpk/ Erich Andres; Kohlekraftwerk bei Hamm, Erzgebirge – beide Abb.: bpk; Alpenstraße – Sammlung Georg Meister; Autozug – DB AG/Max Lautenschläger; Bäume, Rauchen, Saubere Luft, Bahn macht Ernst, Energie, Heizen – alle Abb.: DB Museum; Schienen und Strom– DB AG/Stefan War-